国家自然科学基金项目（51574225）资助

夹矸滑移型冲击地压机理

刘 洋 陆菜平 张修峰 王 超 李振武 著

中国矿业大学出版社

·徐州·

内 容 简 介

本书建立了基于莫尔—库仑准则及临空复杂力学条件的夹矸—煤组合结构破坏失稳力学模型,研究了夹矸—煤组合结构的破坏失稳机理,揭示了夹矸—煤组合结构破坏失稳变形、裂隙发育及应力分布演化规律和组合结构的动力失稳特征,验证了夹矸区煤矸接触面破断滑移的致灾机理及前兆信号特征,提出了夹矸—煤组合结构破坏失稳力学判据、主要失稳形式、失稳强度多因素影响机制及冲击危险工作面夹矸赋存区冲击地压防治方法。

本书可供从事矿山开采过程中煤岩冲击动力灾害等研究的科技工作者、工程技术人员及学生参考使用。

图书在版编目(C I P)数据

夹矸滑移型冲击地压机理/刘洋等著. —徐州：
中国矿业大学出版社,2020.12
　ISBN 978 - 7 - 5646 - 4869 - 5

　Ⅰ. ①夹… Ⅱ. ①刘… Ⅲ. ①煤矿—冲击地压—研究
Ⅳ. ①TD324

　中国版本图书馆 CIP 数据核字(2020)第 242679 号

书　　　名	夹矸滑移型冲击地压机理
著　　　者	刘　洋　陆菜平　张修峰　王　超　李振武
责任编辑	王美柱
出版发行	中国矿业大学出版社有限责任公司
	(江苏省徐州市解放南路　邮编 221008)
营销热线	(0516)83884103　83885105
出版服务	(0516)83995789　83884920
网　　　址	http://www.cumtp.com　**E-mail**:cumtpvip@cumtp.com
印　　　刷	广东虎彩云印刷有限公司
开　　　本	787 mm×1092 mm　1/16　**印张** 12.5　**字数** 224 千字
版次印次	2020 年 12 月第 1 版　2020 年 12 月第 1 次印刷
定　　　价	56.00 元

(图书出现印装质量问题,本社负责调换)

前　言

冲击地压是矿山开采中发生的煤岩动力现象之一，其发生具有突然性和猛烈性。煤炭资源开采的深部化以及地质条件的复杂化，增加了矿井动力灾害的发生概率，严重威胁着煤矿的安全生产。随着对煤矿冲击地压研究的不断深入，人们发现在一些冲击地压矿井，煤层夹矸普遍存在，煤层夹矸对组合煤岩的冲击破坏起到了一定的作用。夹矸的存在造成了煤层结构的复杂化，改变了煤岩结构的物理力学参数，从而导致工作面矿压显现规律异常，甚至造成煤岩体冲击灾害。

地下煤层成煤时期及环境的差异，往往造成煤层结构中夹矸的存在，从而严重威胁着采场煤岩结构的稳定性。特别的，鲁西南矿区赋存的 $3^{#}$ 煤层，其中普遍存在的夹矸层对巷道变形失稳甚至冲击地压起到了一定的诱导作用。近几年发生的多起冲击地压事故大部分与夹矸的赋存有关，严重威胁着矿井的安全生产，制约了我国煤炭资源开采向深部化和地质条件复杂化方向发展。

《夹矸滑移型冲击地压机理》一书是笔者在广泛借鉴和参阅前人研究成果的基础上并根据近几年在煤岩冲击动力灾害防治方面的理论研究与工程实践完成的。本书主要内容包括：第一章介绍了国内外学者在煤岩弱面失稳方面的研究概况，总结了前人在单一煤岩结构面破坏失稳、常规组合结构破坏失稳、夹矸—煤组合结构破坏失稳以及煤岩结构破坏失稳监测预警方面的研究成果；第二章介绍了夹矸—煤组合结构的冲击破坏失稳及声发射效应规律的实验研究；第三章介绍了基于莫尔—库仑准则及临空复杂力学条件的夹矸—煤组合结构破坏失稳力学模型，并提出了组合结构破坏失稳力学判据；第四章介绍了基于颗粒流数值模拟的夹矸—煤组合结构破坏失稳机理及失稳形式,并提出了其失稳前兆预警信息;第五章介绍了夹矸—煤组合结构破坏失稳影响因素及其影响机制;第六章介绍了动载作用下含夹矸煤层巷道冲击失稳机理及特征;第七章分别以赵楼煤矿、运河煤矿及石拉乌素煤矿含夹矸煤层工作面为工程基地,分析了煤层分叉合并线区域煤岩破坏失稳机理及特征,并进行了煤层分叉区煤岩冲击失稳灾害防治方法初步试验。全书组织了大量的数据及素材,并附有大量的图表来进行分析和说明,易于读者理解和学习。

笔者在撰写本书时参阅了大量国内外学者关于煤岩冲击动力失稳方面的专业文献,对相关文献作者表示真诚感谢。感谢中国矿业大学屠世浩教授、马立强教授、李桂臣教授、王方田教授,山东科技大学谭云亮教授及河南理工大学李东印教授的指导和帮助。感谢参与部分研究工作的研究生张恒、贺志龙、张钰庚、宋解放和廉红卫。感谢兖矿集团冲击地压防治研究中心、兖州煤业股份有限公司赵楼煤矿、内蒙古昊盛煤业有限公司石拉乌素煤矿及山东济宁运河煤矿有限责任公司有关领导、技术人员在现场数据测试和分析中给予的帮助。

本书是在第一作者博士学位论文的基础上进一步补充和深化完成的。本书包含大量关于煤岩冲击动力失稳理论和实践方面的新思想和新观念,其中部分理论有待进一步的深入研究和优化。由于笔者水平所限,书中存在的疏漏之处在所难免,敬请读者不吝指教。

著　者

2020 年 10 月

目　录

第一章 概 述

第一节 引 言

地下煤层成煤时期及环境的差异,往往造成煤层结构中夹矸的存在(宋选民等,1995a,1995b)。在一些冲击地压矿井中,煤层夹矸普遍存在(张传玖等,2011;席国军等,2015;南华等,2007;李浩荡等,2011;魏忠平等,2012),严重威胁着采场煤岩结构的稳定性。特别的,鲁西南矿区赋存的3#煤层,其中普遍存在的夹矸层对巷道变形失稳甚至冲击地压起到了一定的诱导作用。例如,赵楼煤矿1305工作面"7·29"冲击地压事故,被分析认定为孤岛煤柱工作面高静载应力作用下的夹矸滑移失稳事故,造成了单体支柱严重弯曲以及巷道严重变形并接近闭合,如图1-1所示(刘广建,2018)。另外,山东龙郓煤业有限公司"10·20"重大冲击地压事故可能也与夹矸赋存有关。夹矸的存在造成了煤层结构的复杂化,改变了煤岩结构的物理力学参数,从而导致工作面矿压显现规律异常(吴基文,1998;朱涛等,2010;方新秋等,2002)。其中,在结构稳定性方面,夹矸与煤层间软弱结构面的存在,常常造成巷帮滑动失稳,在大断面回采巷道两帮夹矸附近,还会出现片帮、脱锚、夹矸挤出和煤柱外错式黏滑等现象。

(a) (b)

图1-1 赵楼煤矿"7·29"冲击地压事故现场破坏情况

工作面回采过程中,采动应力呈水平方向采空侧卸载和竖直方向加载的特性(谢和平等,2011),同时,上覆顶板破断失稳产生的矿震动载会对采场应力造成扰动作用。因此,含夹矸煤体会受到单纯静载和动静载叠加两种应力作用。组合煤岩结构破坏失稳形式包括变形破断失稳(刘少虹等,2014a,2014b,2014c;Liu et al.,2015)和剪切滑移失稳(闫永敢等,2010)两种,其失稳差异主要取决于组合结构的受力方向、物理力学强度以及结构面的摩擦性质,其中,受力方向这一因素可通过结构面倾角体现。当组合结构强度较低、弱结构面倾角较小或结构面摩擦系数较大时,载荷作用下组合结构可能以破断失稳为主;当组合结构强度较高、弱结构面倾角较大或结构面摩擦系数较小时,载荷作用下组合结构可能以滑移失稳为主。应特别注意的是,两种失稳方式可能会同时存在并互相诱发。

上述分析表明,除大致规则平行于煤层的夹矸赋存情况外,煤层与夹矸层之间都有可能发生剪切滑移失稳,其中包括破碎块体的剪切滑移。结合煤矿现场实际,很多夹矸形状为不规则楔形,与煤层的两个接触面均存在一定角度,在单一静载或动静载叠加作用下,可能发生整体或局部破碎体的剪切滑移。现有理论主要在静载作用下夹矸—煤组合结构破断失稳和动静载叠加作用下常规组合煤岩结构破坏失稳等方面进行了深入研究,在动静载叠加作用下夹矸—煤组合结构剪切滑移失稳方面涉及较少。不同于一般煤岩体的破断失稳,夹矸—煤组合结构剪切滑移失稳所产生的冲击动载要大得多。另外,对于煤岩组合结构的研究,其组合方式主要为"岩块—煤块—岩块"或"岩块—煤块",且对于组合结构的滑移失稳主要采用剪切摩擦法进行研究,不能结合现场实际反映夹矸—煤组合结构的破坏失稳过程。夹矸—煤组合结构破坏失稳形式与上述两种结构的失稳形式存在明显差异。一方面,夹矸—煤组合结构的破坏失稳条件、主体、过程、特征以及能量耗散规律具有一定的冲击特性,可伴随煤岩体的动力抛出;另一方面,夹矸—煤组合结构发生剪切滑移失稳时,可伴随较大破断产生,也可能先出现破断,随后破断块体出现滑移失稳。因此,夹矸—煤组合结构破坏失稳判据以及能量耗散规律与常规组合结构失稳机理不同,破坏失稳的前兆信号特征也不同。

据此,本书将围绕"夹矸—煤组合结构破坏失稳机理及前兆信号特征"进行研究,主要从以下几个方面入手:(1)构建理论模型,确定夹矸—煤组合结构破坏失稳发生机理及条件;(2)通过实验室试验及数值模拟,分析不同因素对夹矸—煤组合结构破坏失稳的影响机制,验证其发生机理及条件;(3)通过实验室试验及数值模拟,研究夹矸—煤组合结构破坏失稳过程中宏细观参量演化规律,确定其失稳前兆信号特征;(4)通过现场工程案例,验证理论分析、实验室试验及数值模拟所得结论。夹矸—煤组合结构破坏失稳机理及前兆信号特征的系统研究,在一定程度上能够丰富含夹矸煤层巷道围岩控制及冲击地压理论,为含夹矸煤层工作面安全、高效开采提供保障。

第二节　国内外研究进展

一、单一煤岩材料结构面变形破坏机理研究

非均质材料,如岩石和煤,在所有尺度上都存在软弱结构面。这些结构面在微观尺度上表现为晶界、裂纹及孔隙,在宏观尺度上表现为节理、层理及断层等(Kemeny et al.,1991),其中,对煤岩材料稳定性影响较大的软弱结构面主要包括节理裂隙和断层。软弱结构面的赋存,特别是宏观尺度结构面的赋存,在一定程度上能够改变煤岩体力学状态,严重影响地下硐室及采掘空间的稳定性。对于单一煤岩材料结构面的破坏机理,国内外学者已经开展了大量的研究。

在节理裂隙方面,Jaeger 等(1960,2007)较早提出了"单弱面理论模型",该模型基于莫尔—库仑准则阐述了关于含单一弱面材料或各向异性材料剪切破坏的理论。同时,通过对单一节理岩体破坏特性的研究,提出单一节理岩体破坏的主控因素为节理倾角。汪杰等(2019)借助损伤力学理论建立了岩石损伤演化及损伤本构模型,提出岩石节理损伤随节理倾角呈倒"U"形分布。Yang 等(1998)、苏承东等(2011)、冒海军等(2005)及李树忱等(2013)分别进行了含节理裂隙岩石单轴及三轴压缩试验,提出不同接触面倾角岩体破坏形式主要表现为劈裂破坏、沿弱面滑移和复合破坏三种形式,同时,验证了节理岩体强度随结构面倾角的变化规律。赵同彬等(2017)通过单一弱面岩石试样单轴压缩试验,得出在一定倾角范围内锚固前后含弱面岩石失稳过程均会经历"弱面端部破裂—滑移面扩展—滑移变形"演化过程的结论。王学滨(2006)利用数值模拟手段研究得出,节理岩石峰值强度与节理倾角有关。韩智铭等(2017)通过弹塑性数值流形方法计算得出,随节理倾角增加,岩块依次表现为破坏、沿节理滑移破坏和局部剪切滑移破坏,岩体强度随接触面倾角变化呈非对称"勺"形分布。张卫东等(2017)对三向应力作用下弱面岩石剪切强度模型进行了分析研究,得出弱面岩石强度与剪切破裂面法向与最大主应力方向间夹角和弱面倾角有关。李宏哲等(2008)基于节理岩石常规三轴压缩试验,提出节理面与最大主应力方向夹角决定了节理岩石的破坏形式和破坏强度。邓正定等(2018)建立了包含贯通和非贯通交叉节理岩体的复合损伤模型,研究得出岩体强度与节理裂隙倾角和连通率等因素有关。王乐华等(2014)通过岩石单轴压缩试验得出,非贯通裂隙岩体破坏特征由节理的连通率和节理倾角共同决定。金爱兵等(2016)及刘爱华等

(2009)对非贯通节理岩体的破坏特征进行了研究,提出非贯通节理岩体破坏时主要从节理尖端开始起裂。Lajtai(1969a,1969b)、Savilahti 等(1990)及白世伟等(1999)通过对非贯通节理岩体的破坏形式进行研究,提出不同条件下非贯通节理岩体会出现张拉扩展贯通、剪切扩展贯通和拉剪复合扩展贯通等三种破坏形式。除此之外,自 Barton 等(1977)建立了基于节理面粗糙度(JRC)的节理岩体抗剪强度公式后,学者们对节理面粗糙度表征参数及其对岩体节理力学特性的影响进行了相关研究(Belem et al.,2000;Homand et al.,2001;王金安等,1997;夏才初等,1994;曹平等,2019;王培涛等,2017;尚铮等,2013)。

在断层方面,Wallace(1951)和 Bott(1959)较早进行关于断层活化方面的研究,并提出了关于断层活化滑移方向的 Wallace-Bott 假说。Brace 等(1966,1972)最早提出断层黏滑理论,认为这种不稳定滑动可作为一种震源机制来解释浅源地震的发生。断层黏滑致震机制的提出,引起了学者们在该方向上的广泛研究(Scholz et al.,1972;Summers et al.,1977;施行觉等,1989;郭玲莉等,2014;郭彦双等,2011;Li et al.,2013;Hartog et al.,2012)。在采矿领域内,断层作为诱导采场煤岩冲击失稳的主要构造形式之一,其失稳机理也得到了一定的研究(窦林名等,2001,2006;钱鸣高等,2003;潘一山等,2003)。王来贵等(1996)和王涛等(2014)通过单一断层模型力学分析及相似模拟试验对断层滑移机制及围岩力学状态进行了研究,提出断层的活化失稳主要由断层面上剪切力增加引起。傅鹤林等(1996)、潘岳等(2001a,2001b)及李忠华等(2004)利用突变理论对围岩—断层模型的稳定性、失稳临界条件及失稳过程进行了分析。王学滨等(2002a,2002b,2002c,2003a,2003b,2003c,2004)基于剪切带剪切应变率及应变梯度对断层稳定性的影响进行了一系列研究,并最终提出断层岩爆的发生判据。李志华等(2010,2011)分析认为断层下盘工作面更易引发断层活化滑移,同时提出了两种断层滑移诱冲机理。宋义敏等(2011)通过双轴直剪试验对断层失稳瞬态过程进行了研究,提出断层滑移失稳与侧向压力有关,且断层不同位置滑移存在差异性。李守国等(2014)分析了断层倾角对冲击效应的影响机制,得出随断层倾角增加,断层区域弹性能及垂直应力逐渐增加,断层倾角对下盘工作面回采影响较大的结论。吕进国等(2018)基于义马煤田 F_{16} 断层建立了水平应力主导的力学模型,提出在高水平应力作用下,断层上盘发生逆冲滑动是该断层诱发冲击的主要因素。Sainoki 等(2014a,2014b,2014c,2015)借助数值模拟方法,对采场断层滑移失稳影响因素进行了一系列研究,发现表面粗糙度、开采扰动及滑移弱化行为等对断层滑移失稳的影响较大。

另外,有学者将断层黏滑失稳理论引入采矿领域,用于采场断层活化失稳研究(章梦涛,1993;梁冰等,1997)。该理论认为,在扰动作用下裂隙及煤岩接触面等不连续弱面由黏滑转化为滑动摩擦,进而发生动力失稳(姜耀东等,2005;李利萍等,2014;黄滚等,2009)。黏滑冲击失稳理论在提出后,不断被学者们完善。Ruina(1983)利用摩擦试验研究了岩石黏滑失稳,提出了黏滑状态变化摩擦定律。潘一山等(1998)通过建立断层冲击地压黏滑模型,解释了断层滑移的间歇性,并利用模拟试验分析了断层冲击地压的发生条件,验证了断层冲击地压发生的间歇性。齐庆新等(1995,1997,1998)基于煤岩层状结构及层间薄软层结构,分析了煤岩层间摩擦滑动效应,并通过煤岩层黏滑机理揭示了冲击地压的发生机理。White 等(1999)结合 Lucky Friday 矿井岩爆案例,提出岩壁的黏滑运动改变了岩体内部应力状态,从而导致了岩爆的发生。Meng 等(2016)利用不规则接触面模拟岩石裂隙并进行了岩石剪切试验,发现在高应力状态下岩石节理可发生剪切破坏或黏滑,并出现剧烈的峰后应力降。张宁博等(2016)对义马煤田 F_{16} 断层实际情况进行了相似模拟,研究得出了基于黏滑理论的断层冲击地压发生机制,认为开采扰动可改变断层黏滑临界应力阈值,从而导致冲击的发生。马胜利等(2003)基于断层滑动中应变及位移的变化情况分析了断层黏滑成核过程,提出断层黏滑成核过程中的滑动弱化效应。Lu 等(2016)进行了锯齿形断层面双剪切摩擦试验,提出锯齿破断后的剪切应力降峰值与宏观锯齿摩擦破断引起的应变局部化有关。

不难发现,学者们在岩体节理裂隙及断层等结构面失稳方面进行了丰富的研究。但上述研究忽略了含结构面材料的赋存环境,很少涉及赋存空间内岩体间的组合作用机制。另外,这些研究内容大多仅考虑了静载力学环境,忽略了动静载叠加作用下含结构面材料的失稳机制。因此,研究动静载叠加作用下组合结构失稳机理尤为重要。

二、常规组合煤岩结构破坏失稳机理研究

在常规组合煤岩结构破坏失稳机理方面,国内外学者进行了大量的研究,研究内容包括组合煤岩结构破断失稳和黏滑失稳两个方面。Petukhov 等(1979)分析了两体系统和"顶底板—煤体"系统的稳定性,提出了系统稳定性理论。Wang 等(2001)和 Linkov(1996)提出利用组合煤岩结构单轴抗压强度和脆性系数来衡量煤岩体的冲击倾向性指标。这些理论为后人研究组合煤岩结构冲击失稳机理提供了理论基础。

张泽天等(2012)通过不同组合形式煤岩样单轴及三轴抗压试验,解释了组合煤岩力学及破坏特征的影响因素,提出组合煤岩受载破坏主要以煤体拉张破坏及剪切破坏为主,且煤体的损伤在一定程度上会诱导岩体的损伤或破坏。Nie 等(2009)及 Zhao 等(2015)通过实验室试验发现组合煤岩体单轴压缩过程中的破裂特性不同于单一煤岩体,其破裂是渐进的,且破裂机制主要为剪切破坏。赵善坤等(2013)利用 RFPA²ᴰ 对组合煤岩的冲击倾向性进行了数值模拟,得出组合煤岩的冲击倾向性要比单纯煤体或岩体的冲击倾向性高得多,且更加符合煤矿现场实际情况。Chen 等(1997)和刘建新等(2004)结合两体相互作用理论,基于理论分析及试验研究,解释了两体相互作用系统的弹性回弹及应变局部化特征,提出组合煤岩试样可以反映冲击地压过程中的基本力学现象。Huang 等(2013)通过组合煤岩单轴加载试验,研究了不同加载速度下的煤岩动态破坏特性。窦林名等(2005)和陆菜平等(2007)开展了组合煤岩的冲击倾向性影响因素研究,通过对比试验得出煤岩组合特性,并对组合煤岩冲击倾向性进行了研究,研究得出了组合煤岩冲击倾向性与各物理力学参数的相关关系。谢和平等(2005)和左建平等(2011)通过组合煤岩单轴及三轴压缩试验,分析了单体和组合体的力学特性差异,建立了两体力学模型,为两体力学稳定性研究提供了理论基础。刘少虹等(2014a,2014b,2014c)将时效损伤本构模型与尖点突变理论相结合,建立了动静载叠加作用下煤岩组合系统的非线性动力学模型,提出了组合煤岩结构与动静载相互作用诱导冲击地压的演化过程。Zhu 等(2012)及 Li 等(2009)提出分析组合煤岩冲击失稳问题应采用动态本构模型,认为动静载作用下轴向预应力低于其弹性极限时,岩石强度要高于仅受单一动载或静载时的强度。除上述组合煤岩破断失稳方面的研究外,组合煤岩结构黏滑失稳机制也得到了广泛的研究。例如,齐庆新等(1997)、梁冰等(1997)、Kaproth 等(2013)、代高飞等(2001)、尹光志等(2001,2005)及 Niemeijer 等(2009)分别通过不同的黏滑模拟试验研究了组合煤岩结构的黏滑失稳特性,对于认识煤层在顶底板夹持作用下发生冲击失稳的过程具有重要意义。Lippmann(1987)通过研究巷道两侧的剧烈变形,提出了煤层在顶底板夹持下的平动突出模型。伍永平(2003,2004,2005)建立了"R-S-F"系统稳定性及动力学模型,研究了大倾角煤层顶板破断岩块、工作面支护体及底板破坏滑移区的整体稳定性。Seidel 等(2002)研究了常刚度剪切作用下岩石节理面的理论模型,利用能量准则分析了多个规则接触面凸台滑动准则。尹光志等(2001)基于实际条件,借助相似模拟及有限元数值分析,研究了大倾角炮采工作面顶板中的应力集中情况及剪切滑移区。赵元放等(2007)分析了大倾角煤层工作面上下端头围岩应力及变形特征,发现大倾角煤层开采过程中下区段顶板水平应力大于上区段顶板水平应力。Wang 等(2014)通过双剪切摩擦试验研究了不同的煤岩摩擦黏滑类型,发现煤岩黏滑类型与轴向载荷及剪切载荷的加载速度相关。

夹矸—煤组合结构与动静载相互作用时,夹矸层的储能是煤体冲击强度增大的一个重要因素。煤层夹矸可以改变煤的受力、变形破坏形式以及储能特性。

因此,对于含夹矸煤层,要分析"煤层—夹矸—煤层"组合结构的冲击破坏机理,揭示其能量耗散规律,提出煤岩动力失稳的应力和能量判据。

三、夹矸—煤组合结构破坏失稳机理研究

对于夹矸—煤组合结构破坏失稳机理与控制技术,国内外学者开展了具有针对性的研究,取得了一些代表性成果。例如,张顶立等(2000a)通过煤矸力学试验及煤矸组合刚度力学模型分析了含夹矸顶煤的破碎特征,认为煤、矸两者弹性模量及强度差异是影响夹矸破碎的主要因素。王家臣等(2014)通过建立大采高仰采工作面含夹矸煤层煤壁破坏力学模型,研究了含夹矸厚煤层大采高仰采工作面煤壁破坏机理。宋选民等(1995a)通过建立力学模型进行理论分析,揭示了夹矸的不同特性对顶煤冒放性的影响规律。赵景礼等(2014)基于力学计算结果及现场实际进行数值模拟,研究了错层位巷道布置下夹矸结构对顶煤的冒放影响规律。Wang等(2016)通过现场工程案例及理论分析,证实当工作面回采接近夹矸赋存区时,煤层与夹矸岩体接触面上容易产生较高的剪切应力,从而诱导组合煤岩结构的冲击失稳。另外,Xing等(2018)利用离散元模型研究了含软岩夹层深部巷道围岩变形及破坏特性。同时,伍国军等(2011)、Zuo等(2013)、郭富利等(2009)及张顶立等(2000b)还在软弱夹层对应力集中、煤岩组合体强度和整体稳定性的影响等方面进行了相关研究。另外,宋选民等(1995b)、贾光胜等(2000)、靳文学等(2000)研究了夹矸对顶煤冒放性的影响。

目前,国内外学者在夹矸—煤组合结构破坏失稳机理方面的研究相对较少,且大多集中在组合结构静载作用下的破断失稳方面。学者们主要基于弹塑性理论,建立了组合结构的应力—应变关系以及剪切破坏的力学模型等,分析了夹矸对煤壁、巷道稳定性及顶煤冒放性的影响规律;对于煤矸接触面失稳的研究较少,特别是对动静载作用下夹矸—煤组合结构的失稳机理研究较少。

四、煤岩结构破坏失稳前兆信号特征研究

煤岩材料受载变形破坏过程中将产生声发射、电磁辐射、微震以及红外辐射等地球物理响应(Hampton et al.,2018;Yamada et al.,1989;Frid et al.,1992;Fujinawa et al.,1992;Gershenzon et al.,1989;王恩元,1997;Brady et al.,1977;窦林名等,2004;Wang et al.,2008;吴立新,1997),其是判断煤岩失稳破坏的重要参数。针对不同煤岩结构的破坏失稳,国内外学者研究了声发射、电磁辐射、微震、红外辐射及表面电荷辐射等信号的前兆特征。He等(2010)通过研究岩石沿不同路径破裂时的声发射信号特性,观测到真三轴卸载条件下岩石临近冲击破坏时声发射表现为高振幅和低频特性。赵毅鑫等(2008)试验研究了煤

岩组合结构受压破坏过程中的红外热像和声发射前兆特征,提出相对单一煤样破坏,煤岩组合结构冲击失稳时的前兆信号更加难以捕捉。赵善坤等(2013)模拟了不同物理力学参数组合煤岩结构冲击破坏时的声发射效应。Li等(2017)基于声发射数据提取出一种新的特征向量,并验证了该特征向量能够有效预测煤岩破坏。Cheng等(2013)和Hirata等(2007)在工程现场利用声发射监测了深部巷道岩爆的发生。宋晓燕等(2015)和李忠辉等(2012)通过预制裂纹单轴压缩试验发现,不同倾角裂纹岩块受载破坏时产生电磁辐射信号的机制存在差异。He等(2011,2012)研究了电磁辐射现象产生机理、特性变化规律及应用,提出电磁辐射监测在地震以及矿山动力灾害监测预警方面具有广阔的应用前景。Lu等(2012a,2012b,2013)通过强冲击地压矿井组合煤岩冲击破坏试验,测试了"坚硬顶板—煤体—底板"组合煤岩试样变形破裂的电磁辐射及微震信号前兆规律。肖红飞等(2003)分析了电磁辐射信号临界指标影响因素,制定了电磁辐射信号临界指标的确定方法。Feng等(2012,2015a,2015b)将微震监测用于深部巷道,实现了深部巷道岩爆发育的动态监测。杨纯东等(2014)基于微震监测得到的强矿震位置、能量及震动次数,制定了一套冲击危险评价标准,通过累加法对冲击危险性进行综合评价。Tang等(2010)提出大部分岩爆发生前会出现微裂纹,而且这些微裂纹可以被微震监测系统监测到,因此,可以利用微震系统定位岩爆的发生范围。郑超等(2012)利用有限元分析方法,分析了开挖条件下的岩石损伤机制,研究了微震信号与应力变化的相关关系,提出微震监测可识别微破裂的发育机制并确定失稳范围。Grinzato等(2004)通过超声波波速对比试验,研究了岩石在载荷作用下的热辐射特征。Sun等(2017)试验得出煤岩冲击失稳前会出现明显的红外温度异常带,其主要原因是大尺度裂隙的产生。徐子杰等(2013)测试了不同冲击倾向性煤体失稳破坏的红外前兆信息。潘一山等(2014)发现动力灾害发生前电荷信号有明显的异常前兆。

学者们对于煤岩结构变形失稳前兆信号的研究主要基于对煤岩变形破裂的监测,研究对象主要为单一煤岩体或常规组合煤岩结构,这对于监测现场煤岩体的变形失稳具有一定成效。

综上,国内外研究人员在单一煤岩材料结构面变形破坏机理、常规组合煤岩结构失稳机理、夹矸—煤组合结构破坏失稳机理以及煤岩结构破坏失稳的前兆信号特征等方面进行了深入研究,一些矿井的冒顶、片帮以及巷道失稳得到了有效控制,成功指导了现场的安全生产,为夹矸—煤组合结构在动静载作用下的破坏失稳机理研究提供了重要的参考。但前人对夹矸—煤组合结构破坏失稳的研究还不够全面,在煤矸接触面的剪切滑移破坏形式、夹矸—煤组合结构力学环境以及夹矸对煤体冲击失稳控制机理等方面缺乏深入研究。

第三节 研究内容及方法

针对该方向研究内容的不足以及生产亟待解决的实际问题,围绕"夹矸滑移型冲击地压机理"这一主题,本书综合采用理论分析、实验室试验、数值计算以及现场工程实践等手段,开展以下几个方面的研究。

(1) 夹矸—煤组合结构破坏失稳机理

基于工程现场夹矸层的实际赋存特征(倾角、强度、接触面特征等)及力学环境,建立夹矸—煤组合结构地质力学模型。借助弹性力学、摩擦力学及莫尔—库仑准则,分析组合结构破坏失稳力学条件,提出动静载作用下组合结构破坏失稳力学机制及判据;分析组合结构变形破坏机理及变形失稳特征;研究组合结构破坏失稳能量耗散机制;最终得出组合结构破坏失稳机理及判据。

(2) 夹矸—煤组合结构破坏失稳特征及影响机制

基于夹矸—煤组合结构单轴压缩试验及颗粒流数值计算,分析不同条件下组合结构的失稳特征,研究组合结构破坏失稳过程中的变形、位移及应力分布变化特征,揭示组合结构破坏失稳过程中变形及应力分布演化规律;分析不同条件影响下组合结构失稳过程各参量特征差异,揭示不同因素对夹矸—煤组合结构破坏失稳的影响机制。

(3) 夹矸—煤组合结构破坏失稳宏细观参量演化规律

基于夹矸—煤组合结构单轴压缩试验及颗粒流数值计算,监测分析组合结构破坏失稳过程中垂直应力、裂隙发育情况、能量、声发射事件 b 值及断层总面积等宏观参量的演化规律;基于颗粒流数值模拟软件测量圆模块,分析计算组合结构局部应力和局部应变分量等细观参量的变化特征。通过分析组合结构破坏失稳宏细观参量演化规律,确定组合结构破坏失稳前兆信号特征,提出夹矸—煤组合结构破坏失稳监测预警方法。

(4) 夹矸滑移型冲击地压工程案例分析及防治方法

基于现场含夹矸煤层工作面冲击地压案例,通过分析冲击显现前后现场监测数据,对理论分析、实验室试验及数值计算所得结论进行验证分析。同时,讨论夹矸滑移型冲击地压的防治方法,并在现场进行工程实践验证。

第二章 夹矸—煤组合结构破坏失稳试验研究

在煤岩结构弱面强度研究过程中,普遍采用的试验方法主要有直剪法、双向剪切法、双面剪切法、旋转剪切法以及三轴试验法等(宋义敏等,2011;齐庆新等,1997;Lu et al.,2016,2018;马瑾等,2014;崔永权等,2005;Candela et al.,2014;王涛,2012;姚路等,2013),这些方法较常用于研究节理裂隙及断层的失稳过程。对于组合煤岩结构破坏失稳特征,特别是三体组合煤岩结构,常采用单轴试验方法进行研究(刘杰等,2014;肖晓春等,2017;解北京等,2019)。

考虑临空条件下夹矸—煤组合结构及其力学赋存环境的复杂性,将其力学条件简化为仅受单轴垂直应力作用,分别进行夹矸—煤组合试样静载及动静载叠加加载试验。试验过程中借助静态应变仪、声发射监测系统及高速相机等设备,对组合试样破坏失稳过程中变形、破裂及能量释放特征进行监测分析,得出夹矸—煤组合试样破坏失稳特征、影响因素及前兆信号特征。

第一节 试验目的、内容及方案

一、试验目的

(1)揭示静载应力作用下夹矸—煤组合试样失稳类型及应力响应、裂隙发育扩展、块体局部变形与能量耗散规律;

(2)揭示动静载叠加应力作用下夹矸—煤组合试样失稳类型及应力响应、裂隙发育扩展、块体局部变形与能量耗散规律;

(3)揭示不同接触面倾角条件下夹矸—煤组合试样破坏失稳特征差异;

(4)揭示不同应力加载速度条件下夹矸—煤组合试样破坏失稳特征差异;

(5)揭示不同动载频率及幅值条件下夹矸—煤组合试样破坏失稳特征差异;

(6)揭示夹矸—煤组合试样破坏失稳声发射参量特征及前兆信号特征。

二、试样设计及加工

试验采用的组合试样由上、下煤块及中间岩块组成，试样整体高度为 100 mm，直径为 50 mm，如图 2-1 所示。按照不同煤矸（岩块）接触面倾角，静载试验共设置了 10 组试样（分别为 S-1—S-10），动静载叠加试验共设置了 8 组试样（分别为 D-1—D-8），具体煤矸接触面倾角设置见表 2-1 及表 2-2。试样加工按照设置的接触面倾角，采用数控切割机床一次切割成型，并尽量保证一组试样中各块体高度最小值相近。试样切割完毕后，采用砂纸对煤岩块体两端截面进行打磨，控制其整体不平整度及不垂直度小于 0.02 mm。

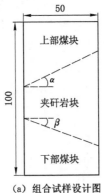

（a）组合试样设计图　　　　（b）部分试样实物图

图 2-1　夹矸—煤组合试样

表 2-1　静载试验组合试样接触面倾角设置情况

组合试样	S-1	S-2	S-3	S-4	S-5	S-6	S-7	S-8	S-9	S-10
上接触面倾角 $\alpha/(°)$	20	25	30	35	25	25	35	35	25	35
下接触面倾角 $\beta/(°)$	15	20	25	30	20	20	20	30	23	30

表 2-2　动静载叠加试验组合试样接触面倾角设置情况

组合试样	D-1	D-2	D-3	D-4	D-5	D-6	D-7	D-8
上接触面倾角 $\alpha/(°)$	20	25	30	35	20	25	30	35
下接触面倾角 $\beta/(°)$	15	20	25	30	15	20	25	30

三、试验内容及方案

（1）静载应力作用下组合试样失稳特征试验

选取组合试样 S-1—S-4 进行静载试验,研究静载应力作用下试样失稳特征,其中,应力加载采用位移控制模式,加载速度设置为 0.3 mm/min。试验前,在试样表面分别布置一定数量的声发射传感器及应变片,在接触面上均匀铺撒厚度为 1 mm 的细岩粉。加载过程中,采用静态应变仪、声发射系统及高速数字照相采集系统进行实时监测。

（2）动静载叠加应力作用下组合试样失稳特征试验

选取组合试样 D-1—D-4 进行动静载叠加试验,研究动静载叠加应力作用下试样失稳特征,其中,应力加载采用压力控制模式,整个加载过程分为初始静载应力加载和循环动载应力加载两个阶段。首先,以 0.3 kN/s 的速度加载初始静载应力至相同接触面倾角试样静载试验峰值压力的 60%,静止 10 s 后开始正弦动载应力加载。正弦动载幅值设置为静载试验峰值压力的 10%,频率设置为 10 Hz。每次动载循环持续 2 s 后静止 10 s,然后将动载应力波峰及波谷均增加一个幅值的量,继续进行循环加载至组合试样失稳。具体加载路径如图 2-2 所示。与静载试验相同,在应力加载过程中,采用静态应变仪、声发射系统及高速数字照相采集系统进行实时监测。

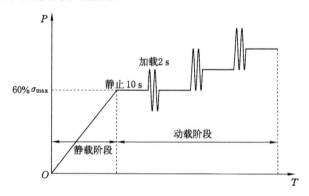

图 2-2　动静载叠加试验应力加载路径

（3）不同应力加载速度条件下组合试样失稳特征试验

结合组合试样 S-2,选取试样 S-5 及 S-6 分别设置不同加载速度进行试验,研究不同加载速度条件下试样失稳特征差异。试样 S-5 及 S-6 应力加载速度分别设置为 0.6 mm/min 及 0.9 mm/min。试验前,在试样表面分别布置一定数量的声发射传感器及应变片,在接触面上均匀铺撒厚度为 1 mm 的细岩粉。加载过程中,采用静态应变仪、声发射系统及高速数字照相采集系统进行实时监测。

（4）不同接触面倾角条件下组合试样失稳特征试验

结合组合试样 S-2,分别选取试样 S-7、S-8 及 S-9 进行试验,研究不同接触面倾角条件下试样失稳特征差异,其中,试样 S-7 与 S-8 形成对比,试样 S-2 与 S-9 形成对比,所有试样应力加载速度均设置为 0.3 mm/min。试验前,在试样表面分别布置一定数量的声发射传感器及应变片,在接触面上均匀铺撒厚度为 1 mm 的细岩粉。加载过程中,采用静态应变仪、声发射系统及高速数字照相采集系统进行实时监测。

(5) 不同动载频率条件下组合试样失稳特征试验

结合组合试样 D-1 及 D-3,分别选取试样 D-5 及 D-7,改变动载频率进行试验,研究不同动载频率条件下试样失稳特征差异,其中,试样 D-5 与 D-1 形成对比,试样 D-7 与 D-3 形成对比,试样 D-5 及 D-7 动载频率均设置为 5 Hz。试验前,在试样表面分别布置一定数量的声发射传感器及应变片,在接触面上均匀铺撒厚度为 1 mm 的细岩粉。加载过程中,采用静态应变仪、声发射系统及高速数字照相采集系统进行实时监测。

(6) 不同动载幅值条件下组合试样失稳特征试验

结合组合试样 D-2 及 D-4,分别选取试样 D-6 及 D-8,改变动载幅值进行试验,研究不同动载幅值条件下试样失稳特征差异,其中,试样 D-6 与 D-2 形成对比,试样 D-8 与 D-4 形成对比,试样 D-6 及 D-8 动载幅值均设置为静载试验峰值压力的 5%。试验前,在试样表面分别布置一定数量的声发射传感器及应变片,在接触面上均匀铺撒厚度为 1 mm 的细岩粉。加载过程中,采用静态应变仪、声发射系统及高速数字照相采集系统进行实时监测。

四、试验系统

夹矸—煤组合试样加载试验采用的试验系统主要包括应力加载系统、静态应变仪、声发射监测系统及高速数字照相采集系统四部分,如图 2-3 所示。静载应力加载采用 SANS 静载试验机,试验过程采用位移控制加载模式,可设置不同的加载速度。动静载叠加应力加载采用 MTS Landmark 370.50 岩石动静载疲劳试验机,试验过程采用压力控制加载模式,可设置不同动载频率及幅值。局部应变监测采用静态应变仪,其可直接记录监测位置的应变,其中,应变片布置如图 2-4(a)所示。声发射(AE)监测系统采用美国物理声学公司(PAC)生产的 PCI-2 声发射系统,试验中采用 6 个传感器进行信号采集,并利用三维定位计算进行事件空间定位,其中,传感器布置如图 2-4(b)所示。高速数字照相采集系统采用的是日本 NAC 公司生产的高速摄像机 GX-1/3,试验过程中对组合试样状态进行实时摄像。

(a) 静载试验系统   (b) 动静载叠加试验系统

图 2-3 试验系统

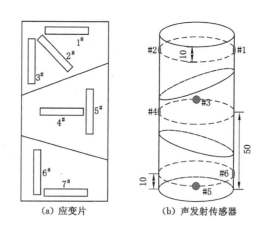

(a) 应变片   (b) 声发射传感器

图 2-4 应变片和声发射传感器布置情况

第二节 组合试样静载破坏失稳特征

组合试样 S-1—S-4 接触面倾角依次增加,上接触面倾角变化范围为 20°～35°,下接触面倾角变化范围为 15°～30°。基于试样 S-1—S-4,对夹矸—煤组合试样失稳特征进行静载试验研究。

一、组合试样宏观破坏特征

试验过程中,借助高速数字照相采集系统对试样失稳过程进行了实时拍照,并利用声发射监测系统对试样内 AE 事件定位情况进行了监测,得到试样失稳状态及 AE 事件定位情况,如图 2-5 和图 2-6 所示。

　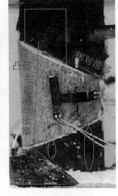　　

（a）组合试样 S-1　　　（b）组合试样 S-2　　　（c）组合试样 S-3　　　（d）组合试样 S-4

图 2-5　组合试样失稳状态

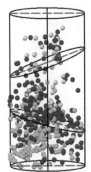　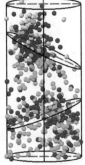　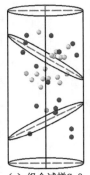　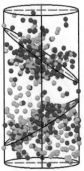

震源	能量/(ms·mV)
	$0\sim10^1$
	$10^1\sim10^2$
	$10^2\sim10^3$
	$10^3\sim10^4$

（a）组合试样 S-1　（b）组合试样 S-2　（c）组合试样 S-3　（d）组合试样 S-4

图 2-6　组合试样 AE 事件定位结果

　　根据图 2-5 和图 2-6 可知,组合试样 S-1 仅出现块体破碎,未出现接触面相对滑移,其余试样接触面均出现了相对滑移,并伴随块体破碎。试样 S-1 AE 事件主要分布在试样下部,且分布相对分散,与煤块严重破碎部位相对应。试样 S-2 AE 事件主要分布在上下煤块中,且上部煤块中分布较集中,这说明受到上接触面滑移剪切作用,上部煤块裂隙发育较集中,并造成破碎体的动力抛出。试样 S-3 AE 事件分布较少,推测与中间岩块贯通裂隙对震动的衰减作用有关,但根据其失稳状态,上接触面出现了多次不连续滑移,造成上部煤块裂隙明显扩展及破碎煤体凸起,其中,岩块破断时出现了巨大声响。试样 S-4 两接触面附近AE 事件较集中,且存在向煤体延伸的趋势,与接触面滑移及煤体裂隙扩展相对应。由于组合试样结构面较多,且试验过程中传感器布置存在一定偏差,因此,

AE 事件定位存在一定误差，但整体分布趋势与裂隙发育大致吻合。

为了分析应力加载过程中组合试样破坏失稳与应力响应及 AE 撞击数的耦合特征，作出垂直应力及 AE 撞击数随时间的变化曲线，如图 2-7 所示。

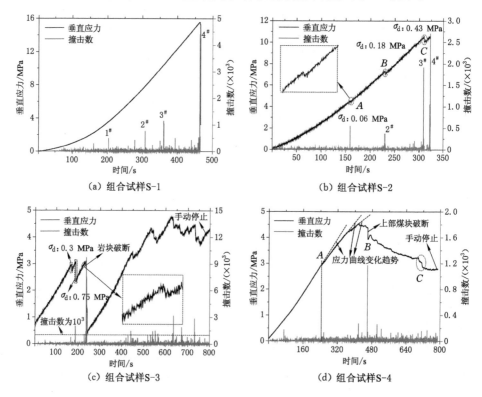

图 2-7　应力加载过程中组合试样垂直应力及 AE 撞击数随时间的变化曲线

根据图 2-7(a)，组合试样 S-1 失稳前垂直应力持续增加，未出现明显应力波动，AE 撞击数较低，但间隔出现相对高值（最大为 1 155），这说明应力加载过程中不断有微裂隙发育及小尺度扩展；最终失稳时，垂直应力迅速降低，AE 撞击数瞬间达到最高值（高达 4 403），这说明此时出现了裂隙的迅速扩展贯通并形成宏观裂隙。根据图 2-7(b)，组合试样 S-2 失稳前垂直应力出现三次较明显波动（图中 A、B、C 时刻），且波动幅度依次增加。相应的，AE 撞击数也出现三次相对高值，但其余时刻普遍较低。相对 A、C 时刻，B 时刻撞击数明显较低，且均小于试样 S-1 失稳前撞击数高值，推测 B 时刻的明显应力降是接触面滑移及裂隙共同作用的结果。另外，试样 S-2 应力曲线的震荡特征反映了接触面的黏滑特性。根据图 2-7(c)，应力加载过程中组合试样 S-3 出现一次明显应力降及 AE

撞击数异常高值,此时岩块剧烈破断。由应力波动及撞击数等级可以确定,试样 S-3 破断前出现了接触面明显滑移,结合实时观测认为,岩块的剧烈破断与接触面扭转滑移有关。再次加载过程中,应力频繁波动并伴随撞击数高值出现,应力降较高,但撞击数不高,这说明频繁出现接触面不稳定滑移并促进裂隙发育扩展。另外,应力曲线震荡特征表明接触面黏滑程度较高。根据图 2-7(d),A 时刻开始组合试样 S-4 垂直应力增加速度逐渐降低,但 AE 撞击数仍保持较低值,这说明接触面开始出现稳定滑移;B 时刻的应力突降伴随撞击数高值与上部岩块的破断相吻合,随后应力开始缓慢下降并在 C 时刻明显降低,撞击数仍保持较低水平,从而表征了接触面的持续稳定滑移。

为了验证上述对组合试样裂隙发育机制的分析,分别从试样 S-1 及 S-2 中选取 4 次撞击数高值[图 2-7(a)、(b)中 1#—4#],对其事件波形进行分析。分别作出两组试样 AE 事件波形及频谱分布曲线,如图 2-8 及图 2-9 所示。

根据图 2-8 及图 2-9,组合试样 S-1 AE 事件波形持续时间明显小于试样 S-2,且其振幅明显大于 S-2,这说明试样 S-1 中裂隙对 AE 事件衰减作用较弱,即试样 S-1 煤岩体原始裂隙较少。组合试样 S-1 所有事件主频率均比较高,试样 S-2 中 2# 事件主频率明显低于其余事件,这说明 2# 事件是接触面滑移导致的,与前面分析一致,证明了组合试样 S-2 接触面发生了明显滑移。

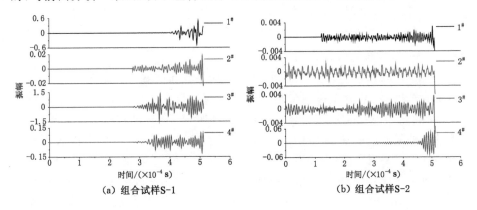

(a) 组合试样S-1　　　　(b) 组合试样S-2

图 2-8　AE 事件波形

综上,组合试样垂直应力与 AE 撞击数可表征试样宏观破坏特征,其中,应力的稳定增加及撞击数低值反映了微裂隙的发育,应力突降及撞击数高值反映了裂隙的扩展贯通,应力突降及撞击数低值反映了接触面的不稳定滑移,应力缓慢降低及撞击数极低值反映了接触面的稳定滑移。另外,应力曲线的震荡特征表明接触面上存在黏滑现象。

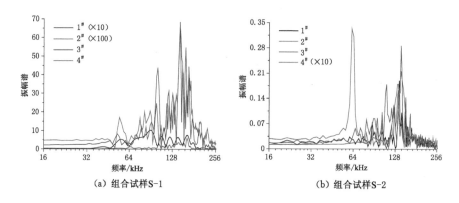

（a）组合试样S-1 （b）组合试样S-2

图 2-9　AE 事件频谱分布

二、组合试样变形特征

在应力加载过程中，通过不同位置应变片对试样局部应变进行实时监测，统计作出上下煤块不同方向上的应变曲线，如图 2-10 所示，其中，正应变表示该位置拉伸变形，负应变表示压缩变形。

根据图 2-10(a)，1# 及 3# 位置应变的较稳定变化说明组合试样 S-1 裂隙较少，且接触面上未出现明显滑移，其中，3# 位置应变在 2 时刻突降与上部煤块微裂隙发育有关。2# 位置应变变化特征表明，随应力增加，沿接触面剪切作用逐渐增强。6# 位置压缩与拉伸变形交替出现，结合 7# 位置拉伸变形速度逐渐增加，说明下部煤块劈裂裂隙不断发育并造成块体表面凸起。根据图 2-10(b)，1# 位置应变突增，3# 位置由压缩变形迅速变为拉伸变形，这说明 1 时刻组合试样 S-2 上部煤块裂隙发育导致块体表面凸起，同时，对应位置的裂隙发育导致 2# 应变片拉伸失效。随裂隙发育，上部煤块变形持续增加，直至接触面出现滑移（2 时刻），3# 位置拉伸变形得到一定程度释放。另外，1 时刻 6#、7# 位置及 2、3 时刻所有位置应变突降表明，接触面滑移及裂隙发育会导致试样变形释放[1、2、3 时刻与图 2-7(b) 中 A、B、C 时刻一一对应]。根据图 2-10(c)，2 时刻接触面滑移引起的扭转变形导致 3# 位置受到的挤压作用增加，与 1 时刻接触面滑移仅引起 1# 位置应变突增共同说明，组合试样 S-3 接触面滑移具有不均匀性（扭转滑移），同时，滑移导致下部煤块变形释放。另外，4 时刻后 6#、7# 位置应变变化与上接触面滑移破碎导致试样扭转变形有关。根据图 2-10(d)，应力加载过程中，3# 位置由压缩向拉伸变形缓慢变化，验证了组合试样 S-4 上接触面的持续稳定滑移；同时 1 时刻后 6# 位置及 2 时刻后 7# 位置应变变化说明，上接触面滑移明显增加导致扭转变形程度持续增加。4 时刻后各位置应变变化说明下接触面也开始出现相对滑移,特别是 7[#] 位置挤压变形明显释放。

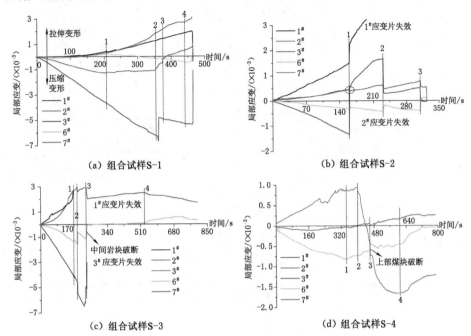

图 2-10 应力加载过程中组合试样局部应变曲线

综上,根据试样局部变形特征,裂隙的发育扩展及接触面滑移一般会导致组合试样局部应变发生突变,既可能导致块体变形释放,也可能导致块体变形增加;另外,接触面滑移具有不均匀性。

三、组合试样能量耗散规律

为了分析静载应力作用下组合试样的能量耗散规律,基于 AE 监测数据,作出应力加载过程中试样垂直应力及 AE 能量变化曲线,如图 2-11 所示。

根据图 2-11(a),组合试样 S-1 失稳前主要表现为低能量(均低于 2 000 ms·mV)事件,这说明 AE 事件主要由微裂隙产生,但在最终失稳时 AE 能量瞬间达到最高值(3 598 ms·mV),从而说明微裂隙的贯通及宏观扩展导致最终失稳。根据图 2-11(b),组合试样 S-2 失稳前能量高值出现的次数极少,主要集中在 A、B、C 时刻。其中,A、B 时刻 AE 能量相对较低(仅为 500 ms·mV),说明这两个时刻裂隙发育数量较少;C 时刻能量较大,说明该时刻块体破裂较明显。试样 S-2 最终失稳时的 AE 能量明显大于试样 S-1,但其应力峰值要明显小于试样 S-1,这说明接触面滑移引起的扭转变形造成了局部应力集中,试样失稳具有

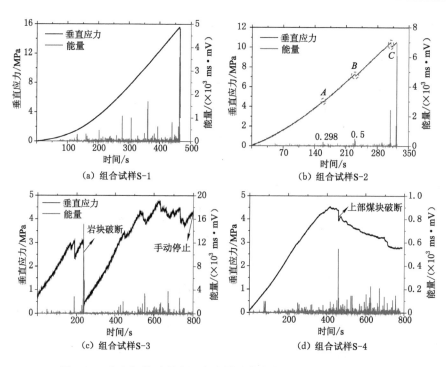

图 2-11　应力加载过程中组合试样垂直应力及 AE 能量变化曲线

"低应力条件下高能量释放"特征。根据图 2-11(c)，组合试样 S-3 整体 AE 能量水平较高，除中间岩块破断时的极高值外，接触面滑移过程中的 AE 能量普遍较高(与试样 S-1 最终失稳时能量水平相当)，但应力峰值仅为 4.75 MPa，同样表现为单一接触面不稳定滑移时的"低应力条件下高能量释放"特征。根据图 2-11(d)，组合试样 S-4 AE 能量水平较其他试样小得多，能量峰值仅为 547 ms·mV，但应力峰值与试样 S-3 相近，结合试样 S-4 的失稳形式，说明当组合试样发生稳定滑移时能量释放较少。

综上，组合试样发生单纯破裂失稳时，应力峰值较高，伴随裂隙发育扩展不断出现 AE 能量高值，特别是最终失稳时能量释放达到峰值。组合试样接触面发生不稳定滑移(黏滑)失稳时，存在"低应力条件下高能量释放"特征。组合试样稳定滑移时，应力峰值及能量释放量均比较小。由此不难发现，当接触面上发生不稳定滑移(黏滑)时，能量释放较多。

第三节　组合试样动静载叠加破坏失稳特征

与静载试验相同，得到组合试样失稳状态及 AE 事件定位情况，如图 2-12

和图 2-13 所示,进而对动静载叠加应力作用下组合试样失稳特征进行分析。

　　(a) 组合试样D-1　　　　(b) 组合试样D-2　　　　(c) 组合试样D-3　　　　(d) 组合试样D-4

图 2-12　组合试样失稳状态

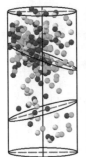 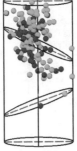 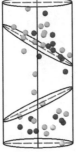 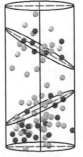

（a）组合试样D-1 （b）组合试样D-2 （c）组合试样D-3 （d）组合试样D-4

图 2-13　组合试样 AE 事件定位结果

　　根据图 2-12 及图 2-13,组合试样 D-1 仅出现了破碎失稳,其余三组试样均发生了接触面滑移并伴随破碎失稳,其中,试样 D-4 上下接触面均出现了相对滑移。试样 D-1 在动载阶段内裂隙发育较明显,且最终失稳时上部煤块瞬间破碎并抛出,因此,其 AE 事件主要集中在上部煤块及接触面附近。试样 D-2 失稳前裂隙发育不明显,但在最终失稳时,随上接触面滑移上部煤块发生破碎并抛出,且上部煤块破碎抛出后下接触面也出现了明显滑移,AE 事件主要集中在上部煤块及上接触面附近。随动载阶段上接触面滑移,试样 D-3 上部煤块出现垂直接触面方向的裂隙扩展,同时,下部煤块出现碎片剥落现象,因此,AE 事件在上下煤块中均有分布。试样 D-4 在动载阶段内出现了明显的双接触面滑移现象,同时,下部煤块破碎体被挤出,AE 事件主要分布在下部煤块中。通过与静载试验对比,动静载叠加应力作用下,夹矸—煤组合试样接触面滑移及破碎体抛出程度更猛烈。

同样的,作出试样应力及 AE 撞击数随时间的变化曲线,如图 2-14 所示。由于动静载叠加试验过程采用的是压力控制模式,因此,发生失稳前,应力曲线严格按照设定模式变化,在此主要分析应力加载过程中组合试样破坏失稳与 AE 撞击数变化的耦合特征。

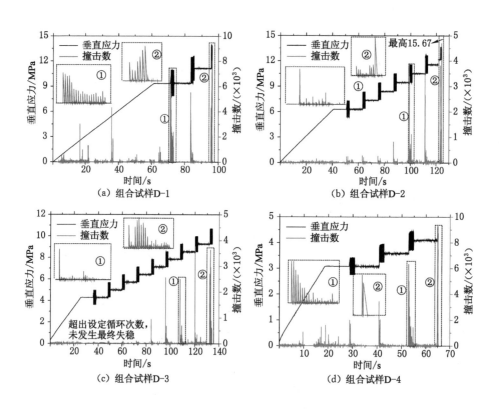

图 2-14　应力加载过程中组合试样垂直应力及 AE 撞击数随时间的变化曲线

根据图 2-14(a),组合试样 D-1 在静载应力阶段内即出现了明显 AE 撞击数高值,说明在静载阶段就存在微裂隙发育。在动载过程中 AE 撞击数高值密集出现,其中,失稳前的动载循环阶段内 AE 撞击数最大值一般出现在动载起始时刻并逐渐减小,失稳时的动载循环阶段内 AE 撞击数逐渐增大,这说明失稳前应力突增促进了裂隙发育,同时提供了更大的弹性变形空间,失稳时的动载阶段内试样发生了塑性变形,卸载过程变形不再释放。根据图 2-14(b),组合试样 D-2 在静载及动载前期 AE 撞击数较少,说明设定的初始静载应力偏低,同时,接触面滑移削弱了应力加载作用,产生的裂隙较少。与试件 D-1 类似,失稳前动载阶段内 AE 撞击数变化与失稳时动载阶段内 AE 撞击数变化规律差异明显。另外,低应力水平时,AE 撞击数极大值与块体扭转造成的应力集中有关。根据图 2-14(c),组合试样 D-3 AE 撞击数变化特征与试样 D-2 类似,但在设定的循环次数内试样未失稳,推测与上部煤块贯穿性裂隙发育导致扭转变形释放有关。根据图 2-14(d),组合试样 D-4 在静载阶段内(特别是静载后期)AE 撞击数就出现了相对高值,且随垂直应力增加撞击数峰值逐渐增加,这说明设定的初始静载偏高。另外,由于裂隙的发育,接触面出现了较大尺度滑移,试样最终失稳,这说明裂隙发育可促进接触面滑移。

综上,随着垂直应力水平升高,组合试样裂隙发育程度逐渐增加,且应力突增将促进裂隙的迅速发育扩展及接触面剪切滑移。单一接触面滑移产生的扭转变形容易导致局部应力集中,造成低应力水平下裂隙迅速扩展,同时,裂隙发育与接触面滑移可能会相互促进。另外,在动静载叠加应力作用下,组合试样接触面滑移及裂隙发育更集中,这与应力突增有关。

一、组合试样变形特征

基于应变监测数据,图 2-15 给出了组合试样动静载叠加试验过程中上下煤块局部应变曲线。根据图 2-15(a),1 时刻 1# 位置由拉伸应变迅速变为压缩应变,说明组合试样 D-1 上部煤块裂隙发育导致接触面剪切作用增强。2 时刻 1#、3# 位置压缩应变突增,2# 位置压拉突变,说明上部煤块出现了垂直裂隙发育情况。另外,裂隙的明显发育造成 5 时刻各位置的变形释放。根据图 2-15(b),3# 及 6# 位置的拉伸应变可能与组合试样 D-2 上接触面滑移导致的扭转变形有关,另外,每次动载循环开始时,随接触面滑移增加,各位置应变均会出现突变,但变形增加与释放同时存在,这说明接触面滑移可以促进部分区域变形释放,同时会引起部分区域变形增加。根据图 2-15(c),与组合试样 D-2 类似,由于试样 D-3 上接触面滑移导致的扭转变形,3# 及 6# 位置持续受到拉伸作用,并在每次动载起始时刻出现突增,其中,9 时刻各位置应变的整体突降与裂隙明显扩展有关。另外,最终失稳时裂隙的宏观扩展可能会引起应变异常突增。根据图 2-15(d),在组合试样 D-4 上接触面滑移影响下,3# 及 6# 位置持续受到拉伸作用,但应力加载过程中存在 3# 及 6# 位置拉伸应变降低情况,这与下接触面滑移导致块体扭转变形释放有关。

综上所述,动静载叠加作用下组合试样变形特征与静载作用类似,即裂隙的发育扩展及接触面滑移一般会导致组合试样局部应变发生突变。

二、组合试样能量耗散规律

同样的,基于 AE 监测数据,作出应力加载过程中垂直应力及 AE 能量变化曲线,如图 2-16 所示。组合试样 D-1 在静载应力加载阶段内的 AE 能量值较

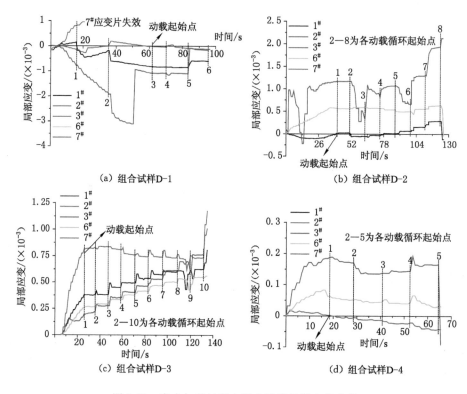

图 2-15　应力加载过程中组合试样局部应变曲线

低,能量高值集中出现在动载阶段,且在最后一次循环动载阶段出现了 AE 能量的异常高值。组合试样 D-2 及 D-3 在静载及循环动载前期 AE 能量值也普遍较低,特别是试样 D-3,在该阶段内基本无能量释放,其 AE 能量高值主要集中在最后几次循环动载期间,这与设定的初始静载应力较低有关。组合试样 D-4 在静载应力加载阶段内就出现了较高的 AE 能量值,这与设置的初始静载应力较高有关,但静载阶段能量高值分布较分散。在动载阶段内,试样 D-4 能量集中释放,且能量值逐渐增加。与撞击数变化特征类似,失稳前的 AE 能量高值一般出现在动载循环初始时刻,且存在逐渐降低的趋势,失稳时的动载循环内 AE 能量持续增加,并在失稳瞬间达到最高值。另外,组合试样发生滑移失稳时存在"低应力条件下高能量释放"特征。

综上所述,随着应力水平升高,组合试样 AE 能量逐渐增加,且在失稳前的动载循环过程中,能量高值主要出现在动载循环起始阶段,这与块体裂隙发育特征有关。失稳时的动载循环阶段内,AE 能量值持续增加,可将此作为试样失稳的前兆信号。相对单纯静载作用,动静载叠加作用下,组合试样能量释放更集

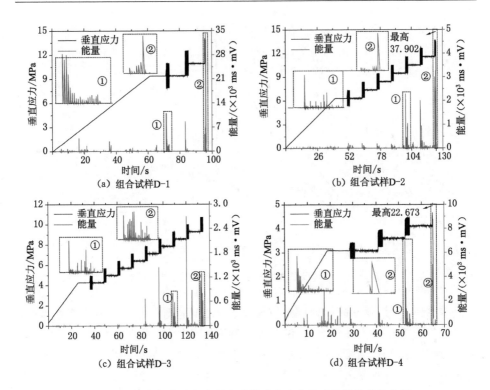

图 2-16 应力加载过程中组合试样垂直应力及 AE 能量变化曲线

中,且能量值更高,结合 AE 撞击数的变化特征可知,动载应力加剧了接触面滑移的不稳定性。

第四节　不同条件下组合试样破坏失稳特征差异

基于组合试样破坏失稳特征差异,推测不同接触面倾角及加载条件可能会对组合试样的破坏失稳特征产生一定影响。因此,对不同条件下组合试样的破坏失稳特征进行对比分析,其中,主要考虑的影响因素包括接触面倾角、应力加载速度、动载频率及幅值等。

一、不同接触面倾角

基于不同接触面倾角组合试样 S-1—S-4(接触面倾角设置见表 2-1,其他条件一致),根据静载应力加载过程中各参量特征,分析不同接触面倾角条件组合试样破坏失稳特征差异。作出试样垂直应力变化曲线,如图 2-17 所示。

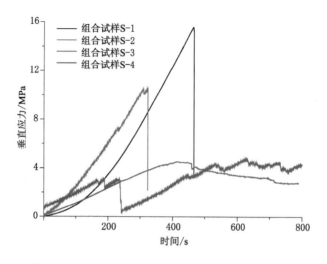

图 2-17   不同接触面倾角组合试样垂直应力变化曲线

根据图 2-17,随着接触面倾角增加,组合试样垂直应力曲线斜率逐渐减小,失稳前应力波动程度逐渐增加,说明随接触面倾角增加,垂直应力加载速度逐渐减小,这是由于倾角越大接触面越容易发生相对滑移。另外,组合试样峰值应力随接触面倾角增加逐渐降低,说明接触面倾角越大,组合试样发生失稳时的垂直应力越低。对于单一接触面滑移破碎失稳试样(试样 S-2、S-3),接触面倾角越大,滑移程度越大,由此引起的扭转变形越严重,局部应力集中也越明显,因此,失稳所需垂直应力较低。对于双接触面滑移破碎失稳试样(试样 S-4),接触面倾角越大,滑移扭转越容易促进另一接触面滑移,因此,试样变形释放越明显,表现为垂直应力缓慢增加或降低。

为了对比不同接触面倾角组合试样破坏失稳强度差异,分别对 AE 撞击数及能量进行对比分析,其中,主要对上述两参量总值及峰值进行对比,如图 2-18所示(组合试样上下接触面倾角均相差 5°)。

根据图 2-18(a),除组合试样 S-3 累计撞击数及总能量值较高外,其余试样差异不大,但试样 S-1 累计撞击数及总能量要高于试样 S-2 及 S-4。结合试样的失稳特征不难发现,发生破碎失稳时,试样整体失稳强度要大于较稳定滑移时的失稳强度,但当试样发生不稳定滑移时,其失稳强度要大于破碎失稳时的失稳强度。另外,通过对比试样 S-2 与 S-4 得出,试样 S-2 总能量较高,但累计撞击数较低,这是因为试样发生单一接触面滑移失稳时,块体扭转变形造成了局部应力集中,从而破碎较集中。根据图 2-18(b),试样 S-2 撞击数及能量峰值要明显高于试样 S-4,且其能量峰值要高于试样 S-1,这说明单一接触面滑移造成的局部破

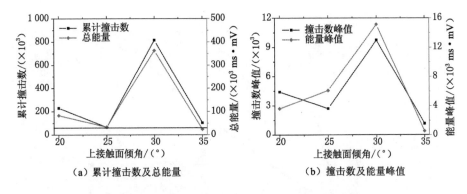

（a）累计撞击数及总能量　　　　　（b）撞击数及能量峰值

图 2-18　AE 撞击数及能量随接触面倾角变化曲线

碎产生的瞬时能量要高于试样破碎失稳及双接触面滑移失稳时的瞬时能量，但其瞬时破碎强度较小。简言之，单一接触面滑移容易造成局部应力集中，表现为集中破碎并伴有高能量释放。特别的，试样 S-3 中岩块在扭转滑移作用下出现了明显贯穿裂隙，撞击数及能量值均出现异常高值，这说明单一接触面阶段性黏滑失稳极易造成宏观裂隙异常发育及较高能量释放。

　　综上，不同接触面倾角组合试样破坏失稳强度差异主要取决于其失稳类型，当接触面倾角满足单一接触面滑移失稳，特别是满足黏滑失稳条件时，其破坏失稳强度较大，这与接触面滑移引起的局部应力集中和不稳定滑移造成的强剪切作用有关。

二、不同应力加载速度

　　在静载试验过程中，分别对组合试样 S-2、S-5 及 S-6 设置了不同的应力加载速度，而其他试验条件均保持一致，见表 2-3。基于组合试样 S-2、S-5 及 S-6，根据静载应力加载过程中各参量特征，分析不同应力加载速度条件下组合试样破坏失稳特征差异，其中，组合试样垂直应力变化曲线如图 2-19 所示。

表 2-3　组合试样 S-2、S-5 及 S-6 试验参数设置情况

组合试样	S-2	S-5	S-6
加载速度/(mm/min)	0.3	0.6	0.9
上接触面倾角 α/(°)	25	25	25
下接触面倾角 β/(°)	20	20	20

　　根据图 2-19，随应力加载速度增加，组合试样垂直应力曲线斜率逐渐增加，但峰值应力无明显规律，其中，试样 S-6 峰值应力略小于试样 S-2，但试样 S-5 峰值应

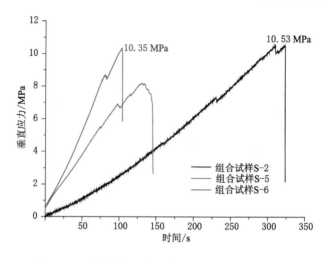

图 2-19　不同加载速度组合试样垂直应力变化曲线

力明显较低。对比 3 组试样应力卸载曲线的变化特征,相对试样 S-2 及 S-6,试样 S-5 应力卸载过程较缓慢,推测试样 S-5 峰值应力较低与煤体强度偏弱有关。

　　基于应力加载过程中 AE 撞击数及能量值,图 2-20 给出了不同加载速度条件下 AE 撞击数及能量值变化曲线。根据图 2-20(a),随着应力加载速度增加,AE 累计撞击数及总能量均逐渐增加,这说明随着应力加载速度增加,试样整体破坏失稳强度逐渐增加。根据图 2-20(b),随着应力加载速度增加,AE 能量峰值逐渐降低,AE 撞击数峰值先增加后减小,其中,试样 S-5 撞击数峰值要明显高于其余两组试样,试样 S-2 撞击数峰值最小。对比 3 组试样撞击数及能量峰值变化特征,撞击数及能量峰值变化差异较大,且明显不同于累计撞击数及总能量。因此,为了分析试样瞬时破坏失稳强度,对 3 组试样应力加载过程中 AE 撞击数及能量演化特征进行分析,如图 2-21 所示。

　　根据图 2-21,组合试样应力加载速度越大,失稳前 AE 撞击数及能量高值出现得越频繁,且撞击数及能量高值分布范围(时间)越广,这说明应力加载速度越大,越容易造成局部应力集中,从而导致裂隙频繁发育并释放能量。结合试验实时观测,试样 S-6 最终失稳时上部煤块破碎并高速抛出,同时 AE 传感器脱落,因此,最终失稳时刻 AE 撞击数及能量值较低。据此推断,试样 S-6 最终失稳时的实际撞击数及能量峰值要高得多。排除煤岩强度因素及试验误差,随着垂直应力加载速度增加,裂隙发育及能量释放较频繁,且能量值较高,整体能量峰值逐渐增加。

　　综上,应力加载速度较大时,组合试样破坏失稳强度也较大,且应力加载过程中组合试样裂隙发育扩展及能量释放更频繁。

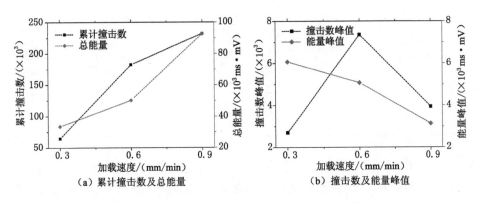

（a）累计撞击数及总能量　　　　（b）撞击数及能量峰值

图 2-20　AE 撞击数及能量随应力加载速度变化曲线

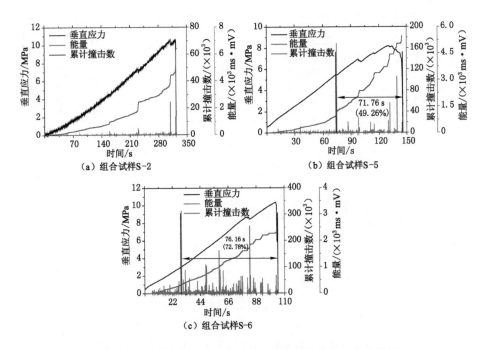

（a）组合试样S-2　　　　（b）组合试样S-5

（c）组合试样S-6

图 2-21　不同加载速度组合试样 AE 撞击数及能量变化曲线

三、不同动载频率

在动静载叠加试验中,分别对组合试样 D-1、D-3、D-5 及 D-7 设置了不同动载频率,其中,组合试样 D-1 与 D-5 的其他试验条件一致,组合试样 D-3 与 D-7 的其他试验条件一致,见表 2-4,σ_{max} 表示相同接触面倾角组合试样静载试验时的峰值应力。

表 2-4　组合试样 D-1、D-3、D-5 及 D-7 试验参数设置情况

组合试样	D-1	D-3	D-5	D-7
动载频率/Hz	10	10	5	5
加载幅值	$0.1\sigma_{max}$	$0.1\sigma_{max}$	$0.1\sigma_{max}$	$0.1\sigma_{max}$
上接触面倾角 $\alpha/(°)$	20	30	20	30
下接触面倾角 $\beta/(°)$	15	25	15	25

基于组合试样 D-1、D-3、D-5 及 D-7，分别对比试样 D-1 与 D-5 以及试样 D-3 与 D-7 各参量特征，分析不同动载频率条件下组合试样破坏失稳特征差异，其中，应力加载过程中 AE 撞击数及能量变化曲线如图 2-22 所示。

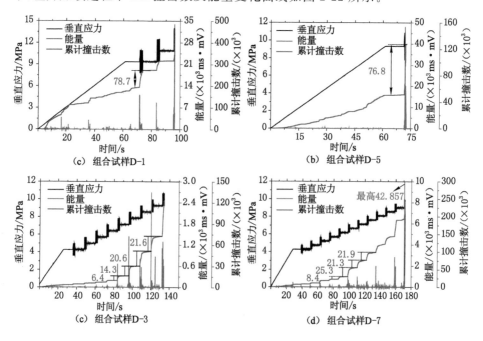

图 2-22　不同动载频率组合试样 AE 撞击数及能量变化曲线

根据图 2-22，相对组合试样 D-1，试样 D-5 失稳时的应力水平较低，但在动载循环阶段内其 AE 能量明显高于试样 D-1。另外，试样 D-1 与 D-5 第一次循环动载过程中撞击数相差不大，考虑试样 D-5 循环动载过程并不是一个完整的加载周期，推测试样 D-5 循环动载过程中的失稳强度可能要明显大于试样 D-1。同样的，试样 D-7 失稳时的应力水平小于试样 D-3，但循环动载过程中其 AE 能量要高于试样 D-3，同时，相同序列循环动载阶段内，试样 D-7 撞击数要高于试

样 D-3,这说明试样 D-7 循环动载过程中的失稳强度大于试样 D-3。根据上述分析得出,动载频率较低时,组合试样失稳强度更高。

四、不同动载幅值

在动静载叠加试验中,分别对组合试样 D-2、D-4、D-6 及 D-8 设置了不同动载幅值,其中,组合试样 D-2 与 D-6 的其他试验条件一致,组合试样 D-4 与 D-8 的其他试验条件一致,见表 2-5。

表 2-5   组合试样 D-2、D-4、D-6 及 D-8 试验参数设置情况

组合试样	D-2	D-4	D-6	D-8
动载频率/Hz	10	10	10	10
加载幅值	$0.1\sigma_{max}$	$0.1\sigma_{max}$	$0.05\sigma_{max}$	$0.05\sigma_{max}$
上接触面倾角 $\alpha/(°)$	25	35	25	35
下接触面倾角 $\beta/(°)$	20	30	20	30

基于组合试样 D-2、D-4、D-6 及 D-8,分别对比试样 D-2 与 D-6 以及试样 D-4 与 D-8 各参量特征,分析不同动载幅值条件下组合试样破坏失稳特征差异,其中,应力加载过程中试样 AE 撞击数及能量变化曲线如图 2-23 所示。

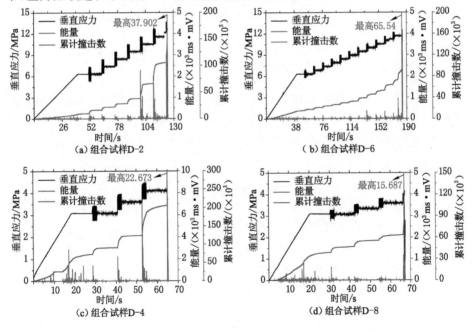

图 2-23   不同动载幅值组合试样 AE 撞击数及能量变化曲线

根据图 2-23,相对组合试样 D-2,试样 D-6 失稳前 AE 撞击数及能量均比较小,且其循环次数较多,但试样 D-6 最终失稳时的 AE 能量要明显高于试样 D-2,这说明相同应力水平时,试样 D-6 循环动载作用较小,且失稳前循环动载作用下能量不易释放。相对试样 D-4,试样 D-8 失稳前 AE 撞击数及能量也比较小,但其循环次数与试样 D-4 相同,且其失稳时的 AE 能量要小于试样 D-4,推测与试样 D-8 煤岩体强度较低有关。综合上述分析,动载幅值越高,失稳前动载循环过程中 AE 撞击数及能量峰值越大,但由于动载幅值较低时试样失稳前能量不易释放,试样最终失稳时的能量较高。因此,动载幅值越高,动载过程中组合试样滑移/破裂程度越大,但最终失稳时,动载幅值较低的试样能量值可能更高。

第五节 组合试样破坏失稳声发射信号前兆特征

为了研究夹矸—煤组合试样破坏失稳的前兆信号特征,基于声发射监测数据,分别从撞击数峰值及 b 值、能量、峰值频率及断层总面积入手,分阶段统计应力加载过程中组合试样 S-1 至 S-4 各参量的变化特征,对静载应力作用下组合试样破坏失稳前兆信号特征进行分析;同时,基于组合试样 D-1 及 D-2 动载应力加载过程中撞击数及能量变化特征,对动静载叠加作用下组合试样破坏失稳前兆信号特征进行分析。

一、撞击数峰值及 b 值前兆特征

声发射事件 b 值作为描述裂纹扩展尺度的函数,可用于追踪煤岩体裂纹演化规律(刘希灵等,2017;Sammonds et al.,1992;Smith et al.,2009)。Gutenberg 和 Richter 提出的地震活动震级与频度的 G-R 关系式(Gutenberg et al.,1944)为:

$$\lg N = a - bM \tag{2-1}$$

式中 M——地震震级;

N——震级在 ΔM 范围内的事件数;

a,b——常数。

针对 b 值的估算,最常用的方法是最大似然法(Aki,1965;Abdelfattah et al.,2017):

$$b = \frac{\lg e}{\overline{M} - (M_c - \dfrac{\Delta M}{2})} \tag{2-2}$$

式中　M——平均震级；

$\quad\quad M_c$——结束震级；

$\quad\quad \Delta M$——震级分布宽度；

$\quad\quad M_c - \dfrac{\Delta M}{2}$——起始震级水平。

分阶段统计组合试样 S-1 至 S-4 应力加载过程中 AE 撞击数峰值，同时，基于式(2-1)及式(2-2)计算 AE 撞击数 b 值，作出各组试样应力加载过程中 AE 撞击数峰值及撞击数 b 值变化曲线，如图 2-24 所示。

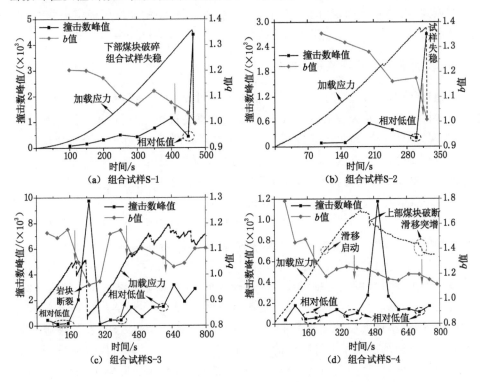

图 2-24　组合试样撞击数峰值及 b 值变化曲线

根据图 2-24，在组合试样 S-1 及 S-2 应力加载前期，AE 撞击数峰值呈不断上升的趋势变化，撞击数 b 值不断下降，这说明此阶段裂隙不断发育扩展。临近试样失稳时，撞击数峰值出现一次明显低值，撞击数 b 值出现一次明显升高后迅速降低的现象，这说明此阶段出现了微裂隙的明显发育，随后裂隙迅速扩展贯通，但该阶段存在一个短暂蓄能过程，裂隙发育数量较少。试样 S-3 岩块剧烈破断前撞击数峰值及 b 值变化特征与试样 S-1 及 S-2 失稳前类似，同时，试样 S-3

再次加载过程中多次出现应力突降前撞击数峰值的相对低值及 b 值由相对高值降低的过程,这说明接触面不稳定滑移同样存在类似的前兆信号特征。试样 S-4 仅在滑移启动、煤块破断及滑移突增时出现了上述类似特征,在稳定滑移过程中 AE 撞击数及 b 值变化较稳定。

综上,试样发生明显破断、不稳定滑移及失稳前,会出现微裂隙的发育并迅速扩展贯通形成宏观裂隙,同时存在一个短暂蓄能阶段,表现为撞击数峰值的相对低值和撞击数 b 值由相对高值开始降低,因此,声发射撞击数峰值及 b 值的这一变化特征可作为组合试样破断/不稳定滑移及失稳的前兆信号特征,其中,破断越剧烈,滑移越不稳定,该前兆信号越明显。另外,接触面发生稳定滑移时,仅在滑移启动及滑移突增时存在该前兆特征,在稳定滑移过程中不明显。

二、能量峰值及峰值频率前兆特征

通过前面对 AE 撞击数峰值及 b 值的分析可知,在发生破断/不稳定滑移(黏滑或滑移突增)时及失稳前,组合试样存在短暂蓄能过程,随后积累的能量突然释放,表现为块体内部裂隙迅速发育扩展形成宏观破断,从而造成组合试样块体破断、接触面不稳定滑移或试样失稳。为了分析试样失稳前的能量积累及耗散特征,并得出能量变化的前兆特征,对试样 S-1 至 S-4 AE 能量峰值及峰值频率进行统计分析,得到试样加载过程中 AE 能量峰值及峰值频率变化曲线,如图 2-25 所示。

根据图 2-25,在组合试样 S-1 及 S-2 应力加载过程中,AE 能量峰值均呈逐渐增加的趋势变化,但在接近最终失稳时,两者均迅速降至低值,并在最终失稳时迅速达到最高值。根据上述声发射能量峰值变化特征可得,随着应力加载,组合试样裂隙发育尺度及能量释放等级逐渐增加,并在接近最终失稳前迅速降低,这说明应力加载前期组合试样裂隙逐渐发育并扩展,但在最终失稳前出现短暂蓄能过程,以小尺度裂隙发育为主。同样的,组合试样 S-3 及 S-4 在块体破断及不稳定滑移前均出现了能量峰值的相对低值,但在稳定滑移阶段内能量峰值的低值现象不明显,这说明组合试样发生稳定滑移时,块体变形较小,能量积累不明显。另外,在组合试样 S-1 及 S-2 最终破碎失稳时以及 S-1、S-3 及 S-4 发生块体破断时,声发射峰值频率均较高,而组合试样接触面发生相对滑移时,声发射峰值频率普遍较低,这说明组合试样破断过程主要表现为高频震动,滑移过程主要表现为低频震动。

综上,组合试样发生破断、不稳定滑移及失稳前会出现能量峰值的相对低值,该现象与组合试样的蓄能过程有关,可作为组合试样破断/不稳定滑移及失稳的前兆信号特征。声发射峰值频率在组合试样破断/不稳定滑移及失稳前无明显特征,但峰值频率可反映组合试样的失稳形式,其中,高频对应着块体破碎,

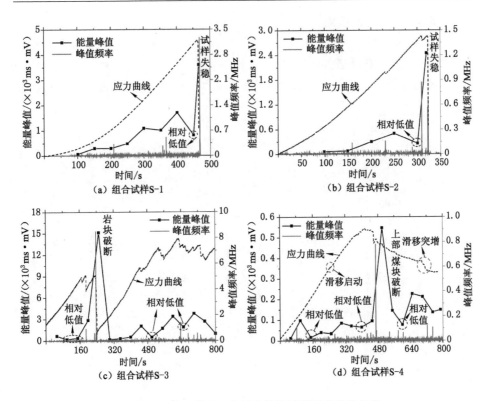

图 2-25 组合试样 AE 能量峰值及峰值频率变化曲线

低频对应着接触面滑移。

三、断层总面积前兆特征

对于煤岩体破裂过程中裂隙发育强度的判定,主要考虑声发射信号中事件数及能量,但从声发射信号中获取的事件,其中低能量事件数目要远大于高能量事件,从而造成低能量事件决定煤岩体破裂过程中的事件总计数,高能量事件决定煤岩体破裂过程中释放的总能量。在地震预测领域,为了更好地反映震动的真实情况,综合地震频度和能量两种因素,定义了断层总面积函数 $A(t)$(宋德熹等,2005)。同样的,针对煤岩体破裂过程中的声发射信号,借助断层总面积,通过综合分析计数和能量特征,能够更好地反映煤岩体破裂发育情况(Lu et al.,2015)。

断层总面积 $A(t)$ 的计算公式为:

$$A(t) = \sum_{k=k_0}^{k-1} N(k) L^{k-k_0} \qquad (2\text{-}3)$$

式中 $N(k)$——统计时间间隔内震级为 k 的事件数;

t——统计时间间隔;

k_0——统计的震动事件震级下限;

k——每个震动事件的震级。

根据断层总面积 $A(t)$ 公式,对组合试样 S-1—S-4 应力加载过程中的断层总面积进行计算,结果如图 2-26 所示。

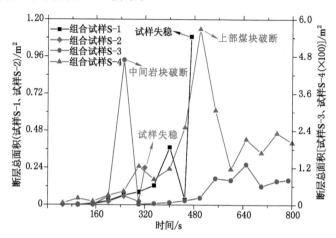

图 2-26 组合试样断层总面积变化曲线

根据图 2-26,与 AE 事件数及能量类似,组合试样 S-1、S-2 及 S-4 在发生明显破断、不稳定滑移及失稳前,断层总面积均相继出现了相对高值和明显低值,从而验证了上述对试样破断、不稳定滑移及失稳前存在蓄能过程的推断。组合试样S-3发生中间岩块破裂前断层总面积一直处于较低水平,不存在明显相对高值,这说明岩块破裂前试样内部微裂隙发育不明显。根据前述对试样裂隙发育特征的分析可知,试样 S-3 岩块的破断是块体扭转滑移造成的,其破断具有较高的突然性。在组合试样 S-3 后期黏滑及组合试样 S-4 后期滑移突增过程中,断层总面积均出现了明显波动,但组合试样 S-4 断层总面积及其波动幅度要比组合试样 S-3 小得多,这说明接触面滑移不稳定性越高,能量积累与突然释放幅度越大。

综上,在组合试样发生破断、不稳定滑移及失稳前,试样内部会出现蓄能过程,裂隙发育暂缓,从而出现断层总面积的明显低值。因此,断层总面积的相对低值可以作为试样破断、不稳定滑移及失稳的前兆信号特征。

四、动载失稳撞击数及能量前兆特征

在对组合试样动载失稳特征进行分析时,发现失稳前动载过程中声发射撞击数及能量变化特征与最终失稳时存在明显差异,因此,分析失稳点附近 AE 撞击数及能量演化特征,可以得出动载失稳时试样的前兆信号特征。考虑动载应力作用下接触面滑移均表现出了明显的不稳定性,此处仅对试样 D-1 及 D-2 进行分析。统计两组试样最后一次循环动载阶段 AE 撞击数及能量峰值,作出其变化曲线,如图 2-27 所示。

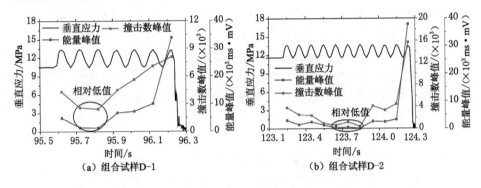

(a) 组合试样 D-1　　　　　　(b) 组合试样 D-2

图 2-27　失稳前组合试样撞击数及能量峰值变化曲线

　　根据图 2-27,在组合试样 D-1 及 D-2 失稳前最后一次循环动载阶段内,AE 撞击数及能量峰值均呈先减小后增加的趋势变化,这说明动载失稳前试样内部裂隙发育及能量释放同样存在一个暂缓阶段,与静载应力失稳前的蓄能过程类似。因此,AE 撞击数及能量峰值的相对低值也可作为组合试样动载失稳的前兆信号特征,但需要注意的是,在工程实际问题中,动载扰动过程十分短暂,相对静载失稳,其监测预警比较困难。

第六节　本 章 小 结

　　本章借助 SANS 静载试验机及 MTS Landmark 370.50 岩石动静载疲劳试验机,同时利用静态应变仪、声发射系统及高速数字照相采集系统等监测手段,研究了静载及动静载叠加应力作用下夹矸—煤组合试样破坏失稳宏观破坏特征、应力响应、变形特征及能量耗散规律等,同时分析了不同条件下组合试样破坏失稳特征差异及组合试样破坏失稳的前兆信号特征,得出的主要结论如下:

　　(1) 静载应力作用下夹矸—煤组合试样失稳破坏特征

　　试样表现为煤岩破碎失稳和接触面滑移破碎失稳,其中,后者存在单一接触面和双接触面滑移破碎两种形式。相对单纯破碎失稳,滑移失稳试样破碎程度有所降低,但接触面滑移容易引起试样扭转变形而导致局部应力集中,同时,接触面不稳定滑移存在"低应力条件下高能量释放"特征,并会造成破碎体动力抛出现象。块体间相对滑移与裂隙发育两者可相互伴随和促进。另外,接触面的不稳定滑移可能会引起夹矸的剧烈破断。

（2）动静载叠加应力作用下夹矸—煤组合试样失稳破坏特征

动载作用下组合试样的破坏、变形及能量释放特征与静载失稳类似,但在动载应力快速加卸载扰动下,试样破坏、变形及滑移更迅速,能量释放更集中。另外,动载应力促进了接触面滑移的不稳定性。

（3）不同条件下夹矸—煤组合试样失稳特征差异

不同接触面倾角试样破坏失稳强度差异取决于其失稳类型,其中,单一接触面滑移破坏失稳强度较大;应力加载速度较大时,试样破坏失稳强度较大,且裂隙发育及能量释放更频繁;动载频率较低或动载幅值较高时,试样滑移/破裂程度较大。

（4）夹矸—煤组合试样破坏、滑移及失稳前兆信号特征

AE撞击数峰值、能量峰值及断层总面积的相对低值以及 b 值由相对高值开始降低均可作为组合试样静载破坏、不稳定滑移及失稳的前兆信号特征,同时,AE撞击数及能量峰值的相对低值也可作为试样动载失稳的前兆信号特征。另外 AE 峰值频率高/低值可分别反映试样破碎及接触面滑移。

第三章 夹矸—煤组合结构模型

根据动静载作用下夹矸—煤组合试样单轴压缩试验结果，不同接触面倾角条件下，组合试样失稳形式具有一定的差异性，主要包括破碎失稳和接触面滑移破碎失稳两种形式。与一般含弱面煤岩体不同，夹矸—煤组合结构中一般存在两个不同倾角接触面，因此，接触面滑移破碎失稳又可划分为单一接触面和双接触面滑移破碎失稳两种形式。据此，首先从单一接触面破碎失稳入手，基于莫尔—库仑准则确定煤矸接触面失稳判据，然后结合夹矸—煤组合结构实际赋存力学环境，推导出工程实际中含夹矸煤层的破坏失稳判据，同时，对其变形破坏机理及能量耗散机制进行分析。

第一节 组合结构地质模型

一、煤层夹矸赋存情况

煤层夹矸的赋存是煤层分叉的直接体现，相应的，煤层分叉形态决定了夹矸的赋存形状。一般的，在煤层分叉合并线附近，夹矸形状近似楔形，如图 3-1(a)所示。与常规煤岩接触面不同，夹矸赋存区域，特别是楔形夹矸赋存区域，煤矸接触面一般存在一定倾角，这就导致了煤矸接触面上的剪切作用较为明显。另外，夹矸与上下煤分层间的接触面一般是不平行的，特别是邻近煤层分叉合并线区域，这往往会造成该区域局部应力异常。

根据煤层分叉合并线在工作面内的分布情况，同时，基于夹矸层厚度变化方向，煤层分叉区域可能存在三种主要分布形式，如图 3-1(b)所示。其中，根据煤层分叉Ⅰ的分布形式，夹矸厚度主要垂直工作面方向变化，且主要在工作面内揭露夹矸，因此，夹矸失稳时可能对工作面产生较大影响。根据煤层分叉Ⅱ的分布形式，夹矸厚度主要垂直回采巷道方向变化，且最先在回采巷道内揭露夹矸，因此，夹矸失稳时可能对回采巷道产生较大影响。根据煤层分叉Ⅲ的分布形式，夹矸厚度变化方向与工作面及回采巷道均呈一定角度，且在工作面及回采巷道内均可揭露夹矸，因此，夹矸失稳时对工作面及回采巷道均可产生较大影响。需要说明的是,图 3-1(b)中仅给出了夹矸厚度向煤层内部逐渐扩展的形式,除此之外,在上述三个赋存区域内也可能存在夹矸厚度向煤层内部逐渐减小的形式,其煤层分叉合并线延伸方式与上述三种形式相反。

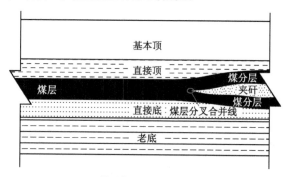

（a）煤层分叉区域夹矸赋存形状

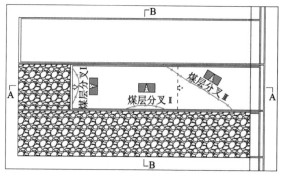

（b）工作面煤层分叉区域分布形式

图 3-1 煤层分叉赋存特征

二、夹矸—煤组合结构破坏失稳模型

根据工作面煤层分叉区的分布形式,夹矸—煤组合结构失稳在工作面内或回采巷道内均有可能发生,因此,分别基于煤层分叉Ⅰ及煤层分叉Ⅱ建立 A—A 剖面及 B—B 剖面组合结构宏观失稳模型,如图 3-2 所示。

根据工作面煤层夹矸宏观失稳模型[图 3-2(a)],随着工作面开采邻近楔形夹矸赋存区域,工作面超前支承压力作用将导致含夹矸煤体所受静载压力明显升高,同时,开采作用下顶板变形破断以及"砌体梁"结构失稳会释放动载应力波,对其产生动载扰动。另外,工作面开采给含夹矸煤体的变形失稳提供了自由空间。最终,在高静载应力与动载扰动应力叠加作用下,含夹矸煤体可能会发生

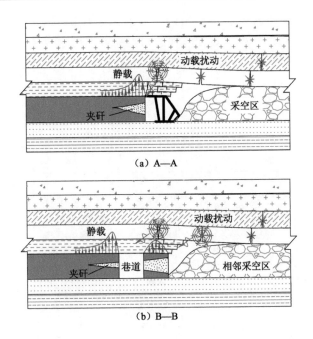

图 3-2 夹矸—煤组合结构宏观失稳模型

局部变形或煤矸接触面的相对滑移,从而导致含夹矸煤体的破坏失稳。

根据回采巷道夹矸宏观失稳模型[图 3-2(b)],在实体煤一侧及煤柱区域内均可能揭露夹矸。对于实体煤一侧揭露的夹矸,一方面,受到相邻工作面开采扰动产生的侧向支承压力作用,含夹矸区域煤体静载压力相对较高,同时,相邻采空区顶板变形破断过程中会释放动载应力波,对该区域产生动载扰动。另外,回采巷道给含夹矸煤体的变形失稳提供了自由空间。因此,含夹矸煤体可能会发生局部变形或煤矸接触面的相对滑移,从而导致含夹矸煤体的破坏失稳。另一方面,随着本工作面开采邻近楔形夹矸区域,工作面超前支承压力作用伴随着顶板变形破断及"砌体梁"结构失稳同样会产生明显的动静载叠加作用,从而导致含夹矸煤体的破坏失稳。对于煤柱内揭露的夹矸,其主要受到相邻采空区侧向支承压力及顶板破断过程中释放的动载应力波影响,从而形成动静载叠加扰动作用,诱发含夹矸煤柱的破坏失稳。

综上,夹矸—煤组合结构破坏失稳所需条件包括空间条件及应力条件,其中,空间条件为存在夹矸局部变形或接触面发生相对滑移的自由空间,应力条件为组合结构所受动静载叠加应力大于组合结构发生变形破坏或滑移失稳的临界应力。考虑煤层夹矸的赋存形状,不同的巷道开挖及工作面推进位置,临空区域内含夹矸煤体的赋存特征不同。以回采巷道揭露夹矸为例,夹矸—煤组合结构的临空赋存方式主要有两种。根据夹矸厚度由煤体内部向巷帮的变化特征,分别将组合结构的两种临空赋存方式定义为扩展型和收缩型,如图 3-3 所示。

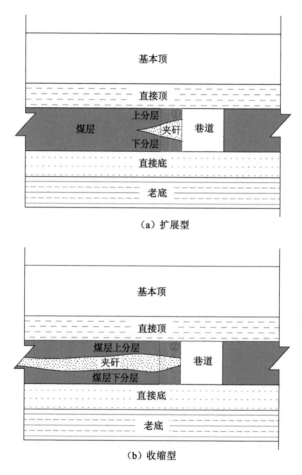

（a）扩展型

（b）收缩型

图 3-3　夹矸—煤组合结构临空赋存特征

第二节　组合结构破坏失稳力学机制

一、基于莫尔—库仑准则的煤矸接触面静载破坏失稳判据

类似于断层及裂隙等弱结构面的剪切滑移破坏（刘广建,2018；蔡武,2015；

焦振华,2017),夹矸—煤组合结构煤矸接触面的相对滑移条件同样满足莫尔—库仑准则。分别在上下煤分层与夹矸岩体接触面(分别定义为上下接触面)位置取矩形微元建立平面力学模型,如图3-4所示,其中,假设水平和垂直方向为主平面,σ_x、σ_y为主应力(不区分最大、最小主应力),σ_γ、τ_γ分别为接触面上的正应力及剪切应力,γ为接触面与水平面的夹角(即接触面倾角)($0 \leqslant \gamma < \pi/2$),另外,将图中所示接触面两侧相对滑移方向定义为正向滑移,与之相反的滑移方向定义为逆向滑移。

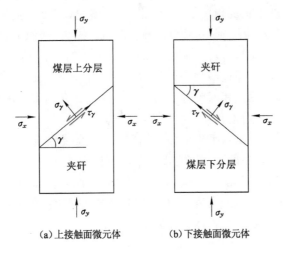

（a）上接触面微元体　　　　（b）下接触面微元体

图3-4　接触面平面力学模型

基于莫尔—库仑准则(Hubbert et al.,1959),考虑正应力与剪切应力方向,同时假定煤矸接触面黏结强度为零,则接触面的剪切摩擦强度极限为:

$$\left| \frac{(\sigma_y - \sigma_x)\sin 2\gamma}{(\sigma_y + \sigma_x) + (\sigma_y - \sigma_x)\cos 2\gamma} \right| = \tan \varphi \tag{3-1}$$

定义函数:

$$f(\sigma_y, \sigma_x, \gamma) = \left| \frac{(\sigma_y - \sigma_x)\sin 2\gamma}{(\sigma_y + \sigma_x) + (\sigma_y - \sigma_x)\cos 2\gamma} \right| \tag{3-2}$$

根据式(3-2),当$f(\sigma_y, \sigma_x, \gamma) \geqslant \tan \varphi$时,煤矸接触面满足相对滑移条件;当$f(\sigma_y, \sigma_x, \gamma) < \tan \varphi$时,煤矸接触面无法满足相对滑移条件。因此,煤矸接触面上能否发生相对滑移,与主应力、接触面倾角及接触面摩擦角等参量有关,其中,两个方向上的主应力大小关系决定了接触面上的相对滑移方向。当$\sigma_y > \sigma_x$时,即垂直主应力为最大主应力,水平主应力为最小主应力,可判断τ_γ的值为正值,此时接触面上发生正向滑移(图3-4所示滑移方向);当$\sigma_y < \sigma_x$时,即水平主应力为最大主应力,垂直主应力为最小主应力,可判断τ_γ的值为负值,此时接触面上

发生逆向滑移(图 3-4 所示滑移方向的反方向)。

不同于断层结构,夹矸—煤组合结构存在两个不平行接触面,且两接触面倾角一般不同,因此,在同等应力及摩擦角条件下,上下两接触面滑移启动条件不同。根据莫尔—库仑准则,滑动面法线与最大主应力方向夹角 $\alpha = \pi/4 + \varphi/2$,其中,$\alpha$ 为最大主应力方向与滑动面法线夹角,由此得出,最容易发生正向滑移的接触面倾角 $\gamma = \pi/4 + \varphi/2$,最容易发生逆向滑移的接触面倾角 $\gamma = \pi/4 - \varphi/2$。假设本模型接触面发生相对滑移的角度范围为 $\gamma_1 \sim \gamma_2$,参照李振雷(2016)提出的煤岩体极限强度随结构面角度的变化趋势可以得出,当煤矸接触面满足正向滑移条件时,若 $\gamma \in (\gamma_1, \pi/4 + \varphi/2)$,则接触面倾角 γ 越大,接触面越容易发生相对滑移,若 $\gamma \in (\pi/4 + \varphi/2, \gamma_2)$,则接触面倾角 γ 越小,接触面越容易发生相对滑移;当煤矸接触面满足逆向滑移条件时,若 $\gamma \in (\gamma_1, \pi/4 - \varphi/2)$,则接触面倾角 γ 越大,接触面越容易发生相对滑移,若 $\gamma \in (\pi/4 - \varphi/2, \gamma_2)$,则接触面倾角 γ 越小,接触面越容易发生相对滑移。

基于上述分析,根据水平主应力、垂直主应力及接触面倾角的变化情况,夹矸—煤组合结构破坏失稳可能存在以下几种不同形式。

(1) 当上下两个接触面上微元体主应力大小及接触面倾角均无法满足 $f(\sigma_y, \sigma_x, \gamma) \geqslant \tan \varphi$ 时,煤矸接触面上难以发生相对滑移,在满足结构失稳力学条件时,组合结构失稳以煤岩体破碎失稳为主。

(2) 当仅某一接触面上微元体主应力大小及接触面倾角满足 $f(\sigma_y, \sigma_x, \gamma) \geqslant \tan \varphi$ 时,在满足结构失稳力学条件时,组合结构失稳表现为单一接触面滑移并伴随煤岩体破碎失稳。其中,当垂直主应力大于水平主应力时,接触面发生正向滑移;当水平主应力大于垂直主应力时,接触面发生逆向滑移。

(3) 当两个接触面上微元体主应力大小及接触面倾角均可以满足 $f(\sigma_y, \sigma_x, \gamma) \geqslant \tan \varphi$ 时,在满足结构失稳力学条件时,组合结构失稳表现为双接触面滑移并有可能伴随煤岩体破碎失稳。但由于两接触面角度存在一定差异,因此,两接触面滑移启动存在先后顺序,具体可根据主应力大小及接触面角度条件进行判定。

二、临空条件下夹矸—煤组合结构滑移失稳力学机制

根据工作面超前支承压力分布特征,工作面开采过程中峰值压力一般超前工作面一定距离,加之工作面支架的支护作用,回采巷道内夹矸失稳的发生概率要明显高于工作面内夹矸失稳。因此,基于巷道实体侧夹矸—煤组合结构临空赋存特征(图 3-3),对临空条件下夹矸—煤组合结构失稳力学机制进行分析。

选取临空区域内煤岩组合体(图 3-3 中①、②区域)建立夹矸—煤组合结构物理模型,如图 3-5 所示,其中,α、β 分别为上下接触面与水平面夹角,f_1、f_2 分别表示上下煤分层与夹矸层接触面(上下接触面)。根据夹矸—煤组合结构的不同赋存特征分别建立平面力学模型,为了简化计算,将组合结构接触面及顶底板上受到的应力均定义为均布载荷,如图 3-6 所示,其中,σ 为顶底板作用在组合结构上的垂直正应力,τ_r、τ_f 分别为顶底板作用在组合结构上的水平剪切应力,$Q(h)$、$M(h)$ 分别为实体煤作用在组合结构上的水平正应力及垂直剪切应力,忽略组合结构自身重力。

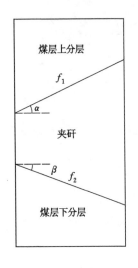

图 3-5 夹矸—煤组合
结构物理模型

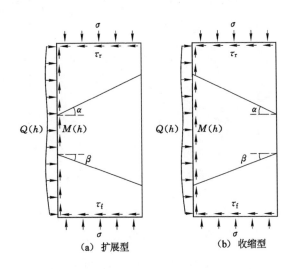

(a) 扩展型　　　　(b) 收缩型

图 3-6 夹矸—煤组合
结构力学模型

(1)夹矸扩展型组合结构失稳力学分析

基于上下煤分层受力情况,如图 3-7 所示,对夹矸扩展型组合结构进行力学分析。定义上分层靠近实体侧的垂直高度为 H_1,接触面上正应力及剪切应力分别为 σ_α、τ_α,下分层靠近实体侧的垂直高度为 H_3,接触面上正应力及剪切应力分别为 σ_β、τ_β。

稳定状态时组合结构整体及各分层均为平衡状态,因此,可针对上分层建立力学平衡方程($\sum F_x = 0$,$\sum F_y = 0$,$\sum M_O = 0$):

$$\begin{cases} \dfrac{\tau_a L}{\cos \alpha} + \displaystyle\int_0^{H_1} Q(h)\cos \alpha \, \mathrm{d}h + \int_0^{H_1} M(h)\sin \alpha \, \mathrm{d}h - \tau_r L\cos \alpha - \sigma L\sin \alpha = 0 \\[2mm] \dfrac{\sigma_a L}{\cos \alpha} - \displaystyle\int_0^{H_1} Q(h)\sin \alpha \, \mathrm{d}h + \int_0^{H_1} M(h)\cos \alpha \, \mathrm{d}h + \tau_r L\sin \alpha - \sigma L\cos \alpha = 0 \\[2mm] \dfrac{\sigma_a L}{\cos \alpha}\left(\dfrac{L}{2\cos \alpha} - H_1\sin \alpha \right) + \dfrac{\tau_a L}{\cos \alpha} H_1\cos \alpha + \displaystyle\int_0^{H_1} Q(h)h\,\mathrm{d}h - \dfrac{\sigma L^2}{2} = 0 \end{cases}$$

$$(3\text{-}3)$$

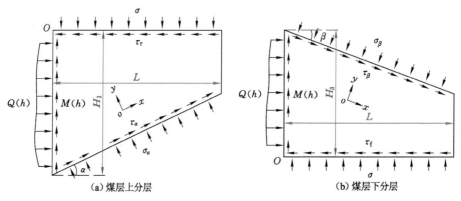

图 3-7 夹矸扩展型组合结构上下煤分层受力情况

为了简化分析,假设上分层受到的实体侧水平正应力及垂直剪切应力为均布载荷,且定义其值分别为 $k\sigma$ 和 $\lambda\tau_r$,则式(3-3)可简化表示为:

$$\begin{cases} \dfrac{\tau_a L}{\cos \alpha} + k\sigma H_1\cos \alpha + \lambda\tau_r H_1\sin \alpha - \tau_r L\cos \alpha - \sigma L\sin \alpha = 0 \\[2mm] \dfrac{\sigma_a L}{\cos \alpha} - k\sigma H_1\sin \alpha + \lambda\tau_r H_1\cos \alpha + \tau_r L\sin \alpha - \sigma L\cos \alpha = 0 \\[2mm] \dfrac{\sigma_a L}{\cos \alpha}\left(\dfrac{L}{2\cos \alpha} - H_1\sin \alpha \right) + \dfrac{\tau_a L}{\cos \alpha} H_1\cos \alpha + \dfrac{k\sigma H_1^2}{2} - \dfrac{\sigma L^2}{2} = 0 \end{cases} \quad (3\text{-}4)$$

由式(3-4)得出:

$$\begin{cases} \tau_a = \sigma\sin \alpha\cos \alpha - \dfrac{kH_1\sigma}{L}\cos^2\alpha + \tau_r\cos^2\alpha - \dfrac{\lambda H_1\tau_r}{L}\sin \alpha\cos \alpha \\[2mm] \sigma_a = \sigma\cos^2\alpha + \dfrac{kH_1\sigma}{L}\sin \alpha\cos \alpha - \tau_r\sin \alpha\cos \alpha - \dfrac{\lambda H_1\tau_r}{L}\cos^2\alpha \\[2mm] \tau_r = \dfrac{kH_1(H_1 - L\tan \alpha)\sigma}{L(2H_1 - \lambda H_1 - L\tan \alpha)} \end{cases} \quad (3\text{-}5)$$

根据式(3-5),可得出上接触面剪切应力与正应力的比值:

$$\frac{\tau_a}{\sigma_a} = \frac{(k\lambda H_1^2 L - L^3)\tan^2\alpha + (2H_1 L^2 - \lambda H_1 L^2 - k\lambda H_1^3)\tan\alpha + (\lambda - 1)kH_1^2 L}{(kH_1^2 L - L^3)\tan\alpha + (2-\lambda)H_1 L^2 - k\lambda H_1^3}$$

(3-6)

根据式(3-6),可引入夹矸—煤组合结构上接触面发生相对滑移的判别公式:

$$f(k,\lambda,H_1,L,\alpha) =$$
$$\frac{(k\lambda H_1^2 L - L^3)\tan^2\alpha + (2H_1 L^2 - \lambda H_1 L^2 - k\lambda H_1^3)\tan\alpha + (\lambda - 1)kH_1^2 L}{(kH_1^2 L - L^3)\tan\alpha + (2-\lambda)H_1 L^2 - k\lambda H_1^3}$$

(3-7)

同样的,假设下分层受到的实体侧水平正应力及垂直剪切应力为均布载荷,其值分别为 $m\sigma$ 和 $n\tau_f$,可得下分层力学平衡方程:

$$\begin{cases} \dfrac{\tau_\beta L}{\cos\beta} + m\sigma H_3\cos\beta - n\tau_f H_3\sin\beta - \tau_f L\cos\beta - \sigma L\sin\beta = 0 \\[2mm] \dfrac{\sigma_\beta L}{\cos\beta} - m\sigma H_3\sin\beta - n\tau_f H_3\cos\beta + \tau_f L\sin\beta - \sigma L\cos\beta = 0 \\[2mm] -\dfrac{\sigma_\beta L}{\cos\beta}\left(\dfrac{L}{2\cos\beta} - H_3\sin\beta\right) - \dfrac{\tau_\beta L}{\cos\beta}H_3\cos\beta - \dfrac{m\sigma H_3^2}{2} + \dfrac{\sigma L^2}{2} = 0 \end{cases}$$

(3-8)

由式(3-8)推导出:

$$\begin{cases} \tau_\beta = \sigma\sin\beta\cos\beta - \dfrac{mH_3\sigma}{L}\cos^2\beta + \tau_f\cos^2\beta + \dfrac{nH_3\tau_f}{L}\sin\beta\cos\beta \\[2mm] \sigma_\beta = \sigma\cos^2\beta + \dfrac{mH_3\sigma}{L}\sin\beta\cos\beta - \tau_f\sin\beta\cos\beta + \dfrac{nH_3\tau_f}{L}\cos^2\beta \\[2mm] \tau_f = \dfrac{mH_3(H_3 - L\tan\beta)\sigma}{L(2H_3 + nH_3 - L\tan\beta)} \end{cases}$$

(3-9)

根据式(3-9),可引入夹矸—煤组合结构下接触面发生相对滑移的判别公式:

$$f(m,n,H_3,L,\beta) =$$
$$\frac{-(mnH_3^2 L + L^3)\tan^2\beta + (2H_3 L^2 + nH_3 L^2 + mnH_3^3)\tan\beta - (n+1)mH_3^2 L}{(mH_3^2 L - L^3)\tan\beta + (2+n)H_3 L^2 + mnH_3^3}$$

(3-10)

因此,基于莫尔—库仑准则,推导出临空条件下夹矸扩展型组合结构煤矸接触面发生相对滑移的判别条件。

上接触面:

$$f(k,\lambda,H,L,\gamma) =$$
$$\frac{(k\lambda H^2 L - L^3)\tan^2\gamma + (2HL^2 - \lambda HL^2 - k\lambda H^3)\tan\gamma + (\lambda - 1)kH^2 L}{(kH^2 L - L^3)\tan\gamma + (2-\lambda)HL^2 - k\lambda H^3} \geqslant \tan\varphi$$

(3-11)

下接触面:

$$f(k,\lambda,H,L,\gamma) =$$

$$\frac{(-k\lambda H^2 L - L^3)\tan^2\gamma + (2HL^2 + \lambda HL^2 + k\lambda H^3)\tan\gamma + (-\lambda-1)kH^2 L}{(kH^2 L - L^3)\tan\gamma + (2+\lambda)HL^2 + k\lambda H^3} \geqslant \tan\varphi$$

(3-12)

或

上接触面：

$$f(k,\lambda,H,L,\gamma) =$$

$$\frac{(k\lambda H^2 L - L^3)\tan^2\gamma + (2HL^2 - \lambda HL^2 - k\lambda H^3)\tan\gamma + (\lambda-1)kH^2 L}{(kH^2 L - L^3)\tan\gamma + (2-\lambda)HL^2 - k\lambda H^3} \leqslant -\tan\varphi$$

(3-13)

下接触面：

$$f(k,\lambda,H,L,\gamma) =$$

$$\frac{(-k\lambda H^2 L - L^3)\tan^2\gamma + (2HL^2 + \lambda HL^2 + k\lambda H^3)\tan\gamma + (-\lambda-1)kH^2 L}{(kH^2 L - L^3)\tan\gamma + (2+\lambda)HL^2 + k\lambda H^3} \leqslant -\tan\varphi$$

(3-14)

式中　k——煤分层受到的实体侧水平正应力与受到的顶板或底板垂直正应力
　　　　　的比值；

　　　　λ——煤分层受到的实体侧垂直剪切应力与受到的顶板或底板水平剪切
　　　　　应力的比值；

　　　　H——煤分层实体侧垂直高度；

　　　　L——煤分层水平宽度；

　　　　γ——煤矸接触面与水平面的夹角；

　　　　φ——煤矸接触面摩擦角。

根据 $f(k,\lambda,H,L,\gamma)$ 值的正负，式（3-11）和式（3-12）为接触面满足正向滑移时的判别条件，式（3-13）和式（3-14）为接触面满足逆向滑移时的判别条件。

（2）夹矸收缩型组合结构失稳力学分析

基于上下煤分层受力情况，如图 3-8 所示，对夹矸收缩型组合结构进行力学分析，其中，各参量符号含义与图 3-7 相同。

根据图 3-8，分别建立平衡状态上下煤分层力学平衡方程。

上煤分层：

$$
\begin{cases}
\dfrac{\tau_a L}{\cos\alpha} - \displaystyle\int_0^{H_1} Q(h)\cos\alpha\,\mathrm{d}h + \int_0^{H_1} M(h)\sin\alpha\,\mathrm{d}h + \tau_r L\cos\alpha - \sigma L\sin\alpha = 0 \\[3mm]
\dfrac{\sigma_a L}{\cos\alpha} + \displaystyle\int_0^{H_1} Q(h)\sin\alpha\,\mathrm{d}h + \int_0^{H_1} M(h)\cos\alpha\,\mathrm{d}h - \tau_r L\sin\alpha - \sigma L\cos\alpha = 0 \\[3mm]
\dfrac{\sigma_a L}{\cos\alpha}\left(\dfrac{L}{2\cos\alpha} + H_1\sin\alpha\right) - \dfrac{\tau_a L}{\cos\alpha}H_1\cos\alpha + \displaystyle\int_0^{H_1} Q(h)h\,\mathrm{d}h - \dfrac{\sigma L^2}{2} = 0
\end{cases}
$$

(3-15)

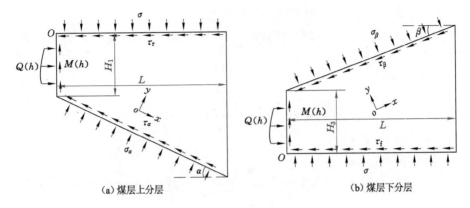

（a）煤层上分层　　　　　　　　　　（b）煤层下分层

图 3-8　夹矸收缩型组合结构上下煤分层受力情况

下煤分层：

$$\begin{cases} \dfrac{\tau_\beta L}{\cos \beta} - \int_0^{H_3} Q(h)\cos \beta \mathrm{d}h - \int_0^{H_3} M(h)\sin \beta \mathrm{d}h + \tau_\mathrm{f} L\cos \beta - \sigma L \sin \beta = 0 \\[3mm] \dfrac{\sigma_\beta L}{\cos \beta} + \int_0^{H_3} Q(h)\sin \beta \mathrm{d}h - \int_0^{H_3} M(h)\cos \beta \mathrm{d}h - \tau_\mathrm{f} L\sin \beta - \sigma L \cos \beta = 0 \\[3mm] -\dfrac{\sigma_\beta L}{\cos \beta}\left(\dfrac{L}{2\cos \beta} + H_3 \sin \beta\right) + \dfrac{\tau_\beta L}{\cos \beta} H_3 \cos \beta - \int_0^{H_3} Q(h)h\mathrm{d}h + \dfrac{\sigma L^2}{2} = 0 \end{cases}$$

$$(3\text{-}16)$$

将煤分层受到的实体侧水平正应力及垂直剪切应力简化为均布载荷 $k\sigma$、$\lambda\tau$，可推导出：

上煤分层：

$$\begin{cases} \tau_\gamma = \sigma\sin \gamma\cos \gamma + \dfrac{kH\sigma}{L}\cos^2 \gamma - \tau\cos^2 \gamma - \dfrac{\lambda H\tau}{L}\sin \gamma\cos \gamma \\[3mm] \sigma_\gamma = \sigma\cos^2 \gamma - \dfrac{kH\sigma}{L}\sin \gamma\cos \gamma + \tau\sin \gamma\cos \gamma - \dfrac{\lambda H\tau}{L}\cos^2 \gamma \\[3mm] \tau = \dfrac{kH(H + L\tan \alpha)\sigma}{L(2H - \lambda H + L\tan \alpha)} \end{cases} \quad (3\text{-}17)$$

下煤分层：

$$\begin{cases} \tau_\gamma = \sigma\sin \gamma\cos \gamma + \dfrac{kH\sigma}{L}\cos^2 \gamma - \tau\cos^2 \gamma + \dfrac{\lambda H\tau}{L}\sin \gamma\cos \gamma \\[3mm] \sigma_\gamma = \sigma\cos^2 \gamma - \dfrac{kH\sigma}{L}\sin \gamma\cos \gamma + \tau\sin \gamma\cos \gamma + \dfrac{\lambda H\tau}{L}\cos^2 \gamma \\[3mm] \tau = \dfrac{kH(H + L\tan \alpha)\sigma}{L(2H + \lambda H + L\tan \alpha)} \end{cases} \quad (3\text{-}18)$$

式中，τ 表示煤分层受到的顶板或底板水平剪切应力。

根据式(3-17)和式(3-18)，可得出组合结构煤矸接触面剪切应力与正应力的比值。

上接触面：

$$\frac{\tau_\gamma}{\sigma_\gamma} = \frac{(L^3 - k\lambda H^2 L)\tan^2\gamma + (2HL^2 - \lambda HL^2 - k\lambda H^3)\tan\gamma + (1-\lambda)kH^2 L}{(L^3 - kH^2 L)\tan\gamma + (2-\lambda)HL^2 - k\lambda H^3}$$

$$(3\text{-}19)$$

下接触面：

$$\frac{\tau_\gamma}{\sigma_\gamma} = \frac{(L^3 + k\lambda H^2 L)\tan^2\gamma + (2HL^2 + \lambda HL^2 + k\lambda H^3)\tan\gamma + (1+\lambda)kH^2 L}{(L^3 - kH^2 L)\tan\gamma + (2+\lambda)HL^2 + k\lambda H^3}$$

$$(3\text{-}20)$$

根据式(3-19)和式(3-20)，可引入夹矸—煤组合结构煤矸接触面发生相对滑移的判别公式。

上接触面：

$$f(k,\lambda,H,L,\gamma) =$$

$$\frac{(L^3 - k\lambda H^2 L)\tan^2\gamma + (2HL^2 - \lambda HL^2 - k\lambda H^3)\tan\gamma + (1-\lambda)kH^2 L}{(L^3 - kH^2 L)\tan\gamma + (2-\lambda)HL^2 - k\lambda H^3}$$

$$(3\text{-}21)$$

下接触面：

$$f(k,\lambda,H,L,\gamma) =$$

$$\frac{(L^3 + k\lambda H^2 L)\tan^2\gamma + (2HL^2 + \lambda HL^2 + k\lambda H^3)\tan\gamma + (1+\lambda)kH^2 L}{(L^3 - kH^2 L)\tan\gamma + (2+\lambda)HL^2 + k\lambda H^3}$$

$$(3\text{-}22)$$

同样的，推导出临空条件下夹矸收缩型组合结构煤矸接触面发生相对滑移的判别条件。

上接触面：

$$f(k,\lambda,H,L,\gamma) =$$

$$\frac{(L^3 - k\lambda H^2 L)\tan^2\gamma + (2HL^2 - \lambda HL^2 - k\lambda H^3)\tan\gamma + (1-\lambda)kH^2 L}{(L^3 - kH^2 L)\tan\gamma + (2-\lambda)HL^2 - k\lambda H^3} \geqslant \tan\varphi$$

$$(3\text{-}23)$$

下接触面：

$$f(k,\lambda,H,L,\gamma) =$$

$$\frac{(L^3 + k\lambda H^2 L)\tan^2\gamma + (2HL^2 + \lambda HL^2 + k\lambda H^3)\tan\gamma + (1+\lambda)kH^2 L}{(L^3 - kH^2 L)\tan\gamma + (2+\lambda)HL^2 + k\lambda H^3} \geqslant \tan\varphi$$

$$(3\text{-}24)$$

或

上接触面：

$$f(k,\lambda,H,L,\gamma) =$$

$$\frac{(L^3 - k\lambda H^2 L)\tan^2\gamma + (2HL^2 - \lambda HL^2 - k\lambda H^3)\tan\gamma + (1-\lambda)kH^2 L}{(L^3 - kH^2 L)\tan\gamma + (2-\lambda)HL^2 - k\lambda H^3} \leqslant -\tan\varphi$$

$$(3-25)$$

下接触面：

$$f(k,\lambda,H,L,\gamma) =$$

$$\frac{(L^3 + k\lambda H^2 L)\tan^2\gamma + (2HL^2 + \lambda HL^2 + k\lambda H^3)\tan\gamma + (1+\lambda)kH^2 L}{(L^3 - kH^2 L)\tan\gamma + (2+\lambda)HL^2 + k\lambda H^3} \leqslant -\tan\varphi$$

$$(3-26)$$

根据 $f(k,\lambda,H,L,\gamma)$ 值的正负,式(3-23)和式(3-24)为接触面满足正向滑移时的判别条件,式(3-25)和式(3-26)为接触面满足逆向滑移时的判别条件。在解决工程实际问题时,判别公式中的未知参量可通过工程现场实测及实验室试验来确定。但在工程现场中,组合结构受到的各种应力很难满足均布载荷条件,此时,可对组合结构所受应力值进行平均化处理,进而大致判断组合结构的稳定性。

特别的,考虑临空区域夹矸—煤组合结构所受的实体侧挤压及剪切作用较小,另外,含夹矸煤柱受采空区落矸产生的作用力也比较小,因此,为了直观分析组合结构的失稳形式及失稳特征,可将组合结构侧向作用力简化为极小值。此时,若将 k,λ 近似取为零,则上述两种夹矸—煤组合结构(扩展型和收缩型)受到的顶底板剪切应力也为零。在此条件下,组合结构整体仅受垂直正应力产生的单轴压缩作用,且只能产生正向滑移,其滑移判别条件可简化为 $\tan\beta \geqslant \tan\varphi$。同样的,考虑工程现场中组合结构受到的应力不会出现均布载荷情况,因此,在组合结构仅受顶底板作用时,除受到较高的垂直正应力外,顶底板产生的水平剪切应力仍然存在,这与实验室试验及组合模型数值分析力学条件一致。

（3）接触面滑移对另一接触面失稳的影响机制

前文已经对初始稳定状态下夹矸—煤组合结构力学状态进行了分析,得出了两种临空赋存条件下组合结构煤矸接触面发生相对滑移的判据公式。不同于初始稳定状态,当组合结构某一接触面发生相对滑移并再次达到稳定状态后,组合结构的赋存及力学条件也随之发生了改变,因此,另一接触面发生相对滑移的条件与初始稳定状态时存在一定差异。基于夹矸扩展型组合结构,假设上接触面最先发生相对滑移,建立上接触面滑移后达到稳定状态时的平面力学模型,并对煤层下分层受力情况进行分析,如图3-9所示。其中,由于组合结构上接触面的相对滑移,下分层及夹矸体向临空区域发生了同步扭转,下分层及夹矸体与实体侧发生分离,此处可将实体侧对下分层水平及垂直作用力看作作用在 O 点附近的集中力 N、T。另外,下分层及夹矸相对垂直方向偏离角度用 θ 表示,忽略煤体的变形量。

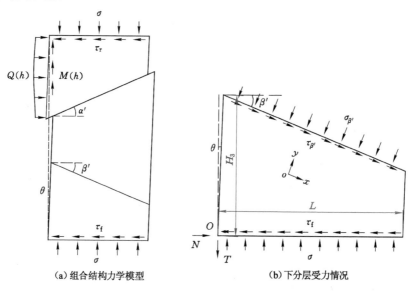

(a) 组合结构力学模型　　　　　　　(b) 下分层受力情况

图 3-9　非初始状态下组合结构力学模型及下分层受力情况

根据图 3-9(b) 所示下分层受力情况,建立其稳定状态下的力学平衡方程:

$$
\begin{cases}
\dfrac{\tau_\beta L}{\cos \beta'} + N\cos \beta' + T\sin \beta - \tau_\mathrm{f} L\cos \beta' - \sigma L\sin \beta' = 0 \\[3mm]
\dfrac{\sigma_\beta L}{\cos \beta'} - N\sin \beta' + T\cos \beta' + \tau_\mathrm{f} L\sin \beta' - \sigma L\cos \beta' = 0 \\[3mm]
-\dfrac{\sigma_\beta L}{\cos \beta'}\left[\dfrac{L}{2\cos \beta'} - H_3\sin(\beta' - \theta)\right] - \dfrac{\tau_\beta L}{\cos \beta'}H_3\cos(\beta' - \theta) + \dfrac{\sigma L^2}{2} = 0
\end{cases}
$$

$$(3\text{-}27)$$

为了简化分析,同时,考虑上接触面滑移导致的扭转作用,组合结构与实体侧交界处形成了破碎松散区,将 O 点所受集中作用力 N、T 进行极小化处理。此时,根据式(3-27)可推导出:

$$
\sigma = \frac{(L\tan \beta' - 2H_3\cos \theta)\,\tau_\mathrm{f}}{2H_3\sin \theta} \tag{3-28}
$$

则:

$$
\frac{\tau_\beta}{\sigma_\beta} = \frac{\tau_\mathrm{f}(L\tan \beta' - 2H_3\cos \theta)\tan \beta' + 2H_3\tau_\mathrm{f}\sin \theta}{\tau_\mathrm{f}(L\tan \beta' - 2H_3\cos \theta) - 2H_3\tau_\mathrm{f}\tan \beta'\sin \theta} \tag{3-29}
$$

其中,组合结构下分层扭转角度 θ 极小,若将 θ 近似取为零,则下接触面剪切应力与正应力的比值近似为 $\tan\beta'$。从近似单轴压缩条件考虑,组合结构扭转导致下接触面与水平面夹角增加,则下接触面剪切应力与正应力的比值更容易满足正向滑移条件。据此,可推广至夹矸收缩型组合结构,煤矸接触面发生正向滑移后,另一接触面更容易满足正向滑移条件。值得注意的是,当两种赋存形式的组合结构发生逆向滑移时,该结论正好相反,但根据采场临空区域受超前支承压力或侧向支承压力作用范围内煤体中水平应力与垂直应力的大小关系经验值,夹矸—煤组合结构煤矸接触面上很难出现逆向滑移。

三、夹矸—煤组合结构破坏失稳动载扰动机制

工作面煤层开采过程中,采场周围除受静载应力作用外,还受到矿震动载的扰动作用影响,动载来源主要为开采活动引起的煤岩体震动。在煤岩体中,矿震动载释放的应力波以震动波的方式传播,包含 P 波和 S 波。根据 P 波和 S 波震动方向及传播速度,P 波将造成煤岩体沿传播方向上的压缩和拉伸变形,S 波将造成煤岩体在垂直传播方向上的剪切变形,因此,动载应力波可能造成煤岩体沿传播方向正应力及剪切应力的变化,从而可以改变主应力方向和大小。

假设震动应力波沿 y 方向传播,则接触面附近微元结构主应力值及方向为:

$$
\begin{cases}
\sigma_1 = \dfrac{\sigma_x + \sigma_y + \sigma_{\mathrm{dp}}}{2} + \sqrt{\left[\dfrac{\sigma_x - (\sigma_y + \sigma_{\mathrm{dp}})}{2}\right]^2 + (\tau_{xy} + \sigma_{\mathrm{ds}})^2} \\[4mm]
\sigma_3 = \dfrac{\sigma_x + \sigma_y + \sigma_{\mathrm{dp}}}{2} - \sqrt{\left[\dfrac{\sigma_x - (\sigma_y + \sigma_{\mathrm{dp}})}{2}\right]^2 + (\tau_{xy} + \sigma_{\mathrm{ds}})^2} \\[4mm]
\tan 2\alpha_0 = -\dfrac{2(\tau_{xy} + \sigma_{\mathrm{ds}})}{\sigma_x - (\sigma_y + \sigma_{\mathrm{dp}})}
\end{cases}
\tag{3-30}
$$

式中,σ_{dp},σ_{ds} 分别为动载应力波 P 波、S 波在该位置产生的正应力和剪切应力。

基于式(3-30),对 σ_{dp}、σ_{ds} 几种特殊值条件下微元结构的力学状态进行分析,其中,假设此时的静载应力接近煤岩体失稳强度极限,垂直正应力 σ_y 大于水平正应力 σ_x,且 σ_{dp}、σ_{ds} 的最大值分别小于 σ_y、τ_{xy}。微元结构可能存在几种力学状态,分析如下:

(1)当 σ_{ds} 波动至与 τ_{xy} 同方向最大值,σ_{dp} 波动至极小值时,相对初始静载状态,此时,主应力 σ_1 增加,σ_3 减小,则在摩擦角及黏结强度不变的情况下,更容易满足组合结构失稳条件。

(2)当 σ_{ds} 波动至与 τ_{xy} 反方向最大值,σ_{dp} 波动至极小值时,相对初始静载状态,此时,主应力 σ_1 减小,σ_3 增加,则在摩擦角及黏结强度不变的情况下,难以满足组合结构失稳条件。

（3）当σ_{dp}波动至与σ_y同方向最大值，σ_{ds}波动至极小值时，相对初始静载状态，此时，主应力σ_1、σ_3及两个主应力差$\sigma_1-\sigma_3$均增加，则在摩擦角及黏结强度不变的情况下，存在更容易满足组合结构失稳条件的可能。

（4）当σ_{dp}波动至与σ_y反方向最大值，σ_{ds}波动至极小值时，相对初始静载状态，此时，主应力σ_1、σ_3及两个主应力差$\sigma_1-\sigma_3$均减小，则在摩擦角及黏结强度不变的情况下，同样存在更容易满足组合结构失稳条件的可能。

因此，与单纯静载条件相比，增加动载应力扰动作用后，当动载应力波动到特定值时，更容易造成煤岩结构的失稳。同时，根据式（3-30），在动载应力波扰动作用下，煤矸接触面与最大主应力法线方向夹角也发生了变化，因此，增加动载应力扰动作用后，还会改变接触面发生相对滑移的难易程度。另外，在动载应力波作用下，接触面两侧煤岩体被反复拉伸压缩，在一定程度上会改变接触面摩擦性质，也会改变接触面发生相对滑移的条件。

特别的，若将组合结构受到的侧向挤压应力σ_x作最小化处理，则式（3-30）可表示为：

$$
\begin{cases}
\sigma_1 = \dfrac{\sigma_y+\sigma_{\mathrm{dp}}}{2} + \sqrt{\left(\dfrac{\sigma_y+\sigma_{\mathrm{dp}}}{2}\right)^2 + (\tau_{xy}+\sigma_{\mathrm{ds}})^2} \\[3mm]
\sigma_3 = \dfrac{\sigma_y+\sigma_{\mathrm{dp}}}{2} - \sqrt{\left(\dfrac{\sigma_y+\sigma_{\mathrm{dp}}}{2}\right)^2 + (\tau_{xy}+\sigma_{\mathrm{ds}})^2} \\[3mm]
\tan 2\alpha_0 = \dfrac{2(\tau_{xy}+\sigma_{\mathrm{ds}})}{(\sigma_y+\sigma_{\mathrm{dp}})}
\end{cases}
\tag{3-31}
$$

与式（3-30）类似，上述 4 种情况同样成立。由此可得，动载扰动可以通过改变主应力大小及方向以及接触面摩擦性质，促进夹矸—煤组合结构的破坏失稳，同时可以改变组合结构的失稳形式（滑移/破碎失稳）。

第三节　组合结构变形破坏机理

一、沿水平方向垂直应力分布差异

由于夹矸—煤组合结构中煤矸接触面的倾斜分布，在水平方向上煤岩体厚度比是逐渐变化的。考虑不同位置煤岩体厚度比差异，以扩展型组合结构为例，分别取组合结构左右两侧边界，对其沿垂直方向上的变形特征进行分析。其中，夹矸—煤组合结构左右两侧受到的垂直应力及煤岩体高度分布如图 3-10 所示，假设上下煤分层弹性模量均为 E_1，夹矸岩石弹性模量为 E_2。

为了对比分析左右两侧煤岩体垂直应力及应变差异，忽略材料的损伤特性，

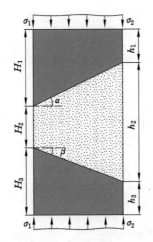

图 3-10 组合结构垂直应力及分层高度分布情况

则组合结构左右两侧垂直方向上的受力及变形方程可表示为：

左侧：

$$\begin{cases} E_1\varepsilon_{11} = E_2\varepsilon_{12} = E_1\varepsilon_{13} = \sigma_1 \\ \Delta H = \varepsilon_{11}H_1 + \varepsilon_{12}H_2 + \varepsilon_{13}H_3 \end{cases} \tag{3-32}$$

右侧：

$$\begin{cases} E_1\varepsilon_{21} = E_2\varepsilon_{22} = E_1\varepsilon_{23} = \sigma_2 \\ \Delta h = \varepsilon_{21}h_1 + \varepsilon_{22}h_2 + \varepsilon_{23}h_3 \end{cases} \tag{3-33}$$

式中，ε_{11}，ε_{12}，ε_{13} 分别为组合结构左侧煤岩体垂直应变；ε_{21}，ε_{22}，ε_{23} 分别为组合结构右侧煤岩体垂直应变；ΔH，Δh 分别为组合结构左右两侧垂直方向总变形量。

假设在顶底板作用下组合试样左右两侧垂直方向总变形量相同，即 $\Delta H = \Delta h$，则有：

$$\frac{\sigma_1}{E_1}H_1 + \frac{\sigma_1}{E_2}H_2 + \frac{\sigma_1}{E_1}H_3 = \frac{\sigma_2}{E_1}h_1 + \frac{\sigma_2}{E_2}h_2 + \frac{\sigma_2}{E_1}h_3 \tag{3-34}$$

根据式(3-34)，可推导出：

$$\frac{\sigma_1}{\sigma_2} = \frac{h_1E_2 + h_2E_1 + h_3E_2}{H_1E_2 + H_2E_1 + H_3E_2} \tag{3-35}$$

根据图 3-10，各分层左右两侧高度满足：

$$\Delta H_R = h_2 - H_2 = H_1 + H_3 - (h_1 + h_3) = \Delta H_C \tag{3-36}$$

式中，ΔH_R，ΔH_C 分别为组合结构夹矸岩体及煤层左右两侧高度差，则式(3-35)可表示为：

$$\frac{\sigma_1}{\sigma_2} = 1 + \frac{\Delta H_R E_1 - \Delta H_C E_2}{H_1E_2 + H_2E_1 + H_3E_2} \tag{3-37}$$

考虑煤的弹性模量一般小于岩石的弹性模量,假设 $E_1 < E_2$,则可由式(3-37)得出 $\sigma_1 < \sigma_2$,因此,仅考虑垂直方向变形特征时,沿水平方向煤岩层高度比越小,所受垂直应力越高,煤岩体更容易出现破坏失稳。

二、接触面变形破坏形式

根据煤层及夹矸的实际赋存状态,煤矸接触面微观上是凹凸啮合的,接触示意如图 3-11 所示。由于接触面不同位置粗糙度的差异,煤矸接触面不同区域摩擦角也存在一定差异。

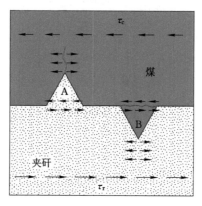

图 3-11　煤矸接触面微观破裂模型

根据本章第二节中对夹矸—煤组合结构的力学分析,在外力作用下,夹矸—煤组合结构接触面上会形成垂直接触面的正应力及沿接触面方向的剪切应力。假设在外力作用下,煤体内接触面附近产生的等效剪切应力为 τ_c,夹矸岩体接触面附近产生的等效剪切应力为 τ_r,则在接触面两侧煤岩体相互剪切作用下,煤岩体凸起尖端外部会产生沿接触面方向的等效拉力,煤岩体凸起内部产生沿接触面方向的等效剪切力,如图 3-11 中 A、B 区域所示。其中,若凸起位置抗剪切强度较大,则在等效拉力作用下,凸起尖端位置外侧煤岩体将会发生拉伸破断,出现垂直煤矸接触面方向扩展发育的裂隙(图中 A 区域),并可能造成凸起位置某一侧接触面的相对滑移;若凸起尖端位置外侧煤岩体抗拉强度较大,则在等效剪切力作用下,凸起内部将会发生剪切破断,出现平行接触面方向扩展发育的裂隙(图中 B 区域),并可能造成该区域接触面发生相对滑移。特别的,若接触面某一区域摩擦角越大,则该区域接触面越粗糙,产生的相对剪切作用越明显,也就更容易出现宏观裂隙的发育扩展。

根据上述分析,夹矸—煤组合结构破断形式主要有拉伸及剪切破断两种,其中,拉伸破断主要由接触面附近向煤岩体内部扩展发育,且方向大致垂直煤矸接触面,剪切破断在接触面附近发育,且沿接触面方向分布。另外,接触面附近的拉伸及剪切破断往往会伴随接触面上的局部滑移,甚至整体滑移。

三、组合结构宏观变形特征

根据实验室试验及前期分析,由于受力情况及接触面参量的不同,组合结构可能存在三种主要的失稳形式,从宏观角度考虑,三种失稳形式的变形失稳过程可以描述为:

(1)煤岩破碎失稳。随着夹矸—煤组合结构所受外部载荷的增加,特别是工作面超前支承压力作用下垂直应力的增加,同时,由于接触面上无法满足发生相对滑移的条件,当组合结构受力达到其破坏极限时,组合结构发生破碎失稳。结合前述分析得出的组合结构沿水平方向垂直应力分布差异,其破坏失稳首先出现在煤岩高度比较小一侧。另外,根据上述分析所得结论,在接触面两侧剪切作用下,虽然煤矸接触面未出现明显的整体滑移,但接触面可能会出现局部区域相对滑移,因此,组合结构发生破断失稳过程中,接触面附近局部区域同时会出现剪切及拉伸破坏。

(2)单一接触面滑移破碎失稳。随着载荷的增加,组合结构首先出现垂直压缩变形,直至各参量满足某一接触面发生相对滑移条件后,该接触面上发生相对滑移,组合结构由压缩变形变为扭转变形,如图 3-12(a)所示(以夹矸扩展型组合结构为例)。随着组合结构的扭转变形,煤层上分层左侧区域以及下分层和夹矸岩层右侧区域压缩变形明显,同时,伴随着煤矸接触面上的滑移剪切作用,局

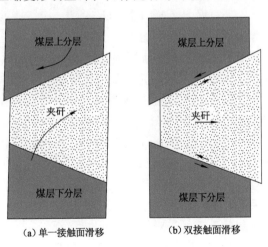

(a)单一接触面滑移　　　　　(b)双接触面滑移

图 3-12　组合结构接触面滑移过程中的宏观变形特征

部区域同样会出现小尺度剪切及拉伸破坏。随着载荷的继续增加,扭转变形量持续增加,当另一接触面无法满足发生相对滑移的条件时,最终出现压缩区域的破碎或接触面附近拉伸破坏的宏观扩展,组合结构失稳。

(3)双接触面滑移破碎失稳。当单一接触面发生相对滑移后,随着接触面滑移,块体扭转变形量持续增加,直至各参量满足另一接触面发生相对滑移的条件时,该接触面发生相对滑移,块体扭转变形得到释放,组合结构发生失稳,如图 3-12(b)所示。同样的,在接触面滑移过程中,接触面附近会出现剪切及拉伸破坏。

第四节　组合结构破坏失稳能量耗散机制

从能量角度考虑,煤岩变形失稳过程是能量积聚、释放和耗散的过程,其积聚的能量源为外力做功,并以弹性应变能的形式释放,同时,通过塑性变形和内部破裂损伤耗散,其中,弹性应变能的变化是可逆的。根据能量守恒定律,上述能量关系可表示为:

$$W = U_e + U_d \tag{3-38}$$

式中　W——外力做功输入的能量;

　　　U_e——可释放应变能;

　　　U_d——塑性变形和破裂损伤耗散的能量。

考虑组合结构中煤岩体能量释放及耗散的差异性,将夹矸—煤组合结构中煤岩体的能量分开表示,则组合结构的能量关系可表示为:

$$W = U_c^e + U_r^e + U_c^d + U_r^d \tag{3-39}$$

式中　U_c^e, U_r^e——煤岩体可释放应变能;

　　　U_c^d, U_r^d——煤岩体塑性变形和破裂损伤耗散的能量。

华安增(2003)提出煤岩体具有一定的储能极限,在不同的应力状态时,煤岩体的储能极限不同,因此,煤岩体失稳过程中应变能并不会完全释放,其释放的应变能为超出煤岩体储能极限的部分。煤岩体释放的弹性应变能主要转化为破裂所需要的表面能及破碎体抛出时的动能(肖晓春等,2019),因此,煤岩体中可释放应变能可表示为:

$$U_c^e + U_r^e = E_c + E_r + U_c^s + U_r^s + U_c^L + U_r^L \tag{3-40}$$

式中　E_c, E_r——煤岩破碎体抛出时的动能;

　　　U_c^s, U_r^s——煤岩体破碎所需要的表面能;

　　　U_c^L, U_r^L——失稳阶段煤岩体的储能极限,即失稳状态时储存的弹性应变能。

其中,煤岩破碎体抛出时的动能可以用破碎煤岩块体的质量和抛出速度表示:

$$E_c + E_r = 1/2 \sum \Delta m_i v_i^2 \tag{3-41}$$

式中　m_i——破碎煤岩块体的质量;

v_i——破碎块体抛出的速度。

因此,夹矸—煤组合结构失稳过程中的能量关系可表示为:

$$U_c^e + U_r^e - U_c^L - U_r^L = 1/2 \sum \Delta m_i v_i^2 + U_c^S + U_r^S \tag{3-42}$$

为了简化分析,假设夹矸—煤组合结构仅受顶底板作用力,且所受垂直应力为均布应力,则组合结构失稳前积累的总弹性应变能为:

$$U_c^e + U_r^e = \frac{H_1 + h_1 + H_3 + h_3}{2} L \int_{\varepsilon_c'}^{\varepsilon_c} \sigma d\varepsilon + \frac{H_2 + h_2}{2} L \int_{\varepsilon_r'}^{\varepsilon_r} \sigma d\varepsilon \tag{3-43}$$

式中　$\varepsilon_c, \varepsilon_r$——分别为组合结构强度达峰值时的煤岩体应变值;

$\varepsilon_c', \varepsilon_r'$——分别为卸载后的煤岩体残余应变;

$H_1, h_1, H_2, h_2, H_3, h_3$——与图 3-10 中符号含义一致。

因此,式(3-42)可转化为:

$$\frac{H_1 + h_1 + H_3 + h_3}{2} L \int_{\varepsilon_c'}^{\varepsilon_c} \sigma d\varepsilon + \frac{H_2 + h_2}{2} L \int_{\varepsilon_r'}^{\varepsilon_r} \sigma d\varepsilon - U_c^L - U_r^L$$
$$= 1/2 \sum \Delta m_i v_i^2 + U_c^S + U_r^S \tag{3-44}$$

根据煤岩体单元能量耗散和可释放应变能的量值关系,如图 3-13 所示,其中,三角形 ABC(阴影部分)为煤岩体积累的可释放应变能,直线 AB 斜率为煤岩体卸载弹性模量,煤岩体达到强度峰值时可释放应变能与煤岩体卸载弹性模量有关。据此,结合式(3-44)可推断出,夹矸—煤组合结构达峰值强度时积累的可释放应变能与煤岩体自身性质及煤岩体尺寸有关。另外,当组合结构中积累的应变能一定时,组合结构局部应力集中程度越高,煤岩体破碎范围越小,则破碎体动能越高,因此,煤岩破碎体抛出速度越大。

根据式(3-44),夹矸—煤组合结构在应力加载过程中积累的可释放应变能,除煤岩体可储存的部分外,其余均以动能和裂隙表面能的形式释放。结合前述对组合结构宏观变形失稳形式的分析,组合结构最终主要以煤岩体破碎或接触面滑移破碎的形式失稳,因此,其能量释放主要表现为煤岩体破碎、破碎体抛出以及煤岩体整体滑移。假设煤体的强度极限小于岩体的强度极限,则组合结构失稳过程中的裂隙发育主要集中在煤体中。

综上所述,可以得出不同失稳形式下夹矸—煤组合结构能量耗散机制:

(1) 当组合结构发生煤岩体破碎失稳时,由于煤矸接触面上未出现明显相

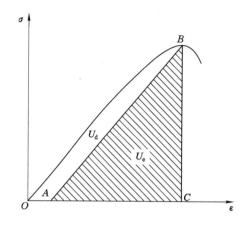

图 3-13　能量耗散和可释放应变能的量值关系

对滑移,相对滑移失稳,组合结构中的应力集中程度较低,发生失稳时其整体应力水平较高。当煤体中局部应力最大值达到煤体失稳极限时,组合结构整体应力水平要高于滑移失稳组合结构的应力水平,因此,组合结构失稳前积累的可释放应变能较高。由于组合结构应力集中水平较低,发生失稳时,释放弹性能造成的煤体破碎范围较大,因此,组合结构失稳所需表面能较高,而产生的破碎体动能可能较低。

(2) 当组合结构发生单一接触面滑移破碎失稳时,在接触面滑移作用下,组合结构发生扭转变形,相对单纯破碎失稳,其应力集中程度较高。当煤体中局部应力最大值达到煤体失稳极限时,组合结构整体应力水平要低于破碎失稳结构的应力水平,因此,组合结构失稳前积累的可释放应变能低于破碎失稳结构。但由于组合结构应力集中程度较高,发生失稳时,煤体破碎范围较小,因此,组合结构失稳所需表面能较低,而产生的破碎体动能可能更高。

(3) 当组合结构发生双接触面滑移破碎失稳时,组合结构积累的应变能除少部分转化为煤体破碎所需表面能及破碎体抛出所需动能外,大部分转化为煤岩体整体动能。另外,可能存在部分煤岩体整体滑移时的动能转化为接触面附近破碎体的动能现象,从而可能增加破碎体的抛出速度。

第五节　本 章 小 结

本章基于夹矸—煤组合结构实际赋存条件及力学环境,对静载作用下组合结构失稳判据及失稳的动载扰动机制进行了分析,同时研究了组合结构变形破坏机理及能量耗散机制,所得主要结论如下:

（1）夹矸—煤组合结构失稳需要满足一定的空间条件及应力条件，其中，空间条件为存在夹矸局部变形或发生接触面相对滑移的自由空间，应力条件为组合结构所受动静载叠加应力大于其发生破坏失稳的临界应力。

（2）根据莫尔—库仑准则推导得出夹矸—煤组合结构的失稳判据：

① 当两接触面微元体主应力及接触面倾角均无法满足 $f(\sigma_y,\sigma_x,\gamma)\geqslant\tan\varphi$ 时，组合结构失稳以煤岩体破碎失稳为主；

② 当仅有一个接触面微元体主应力及接触面倾角满足 $f(\sigma_y,\sigma_x,\gamma)\geqslant\tan\varphi$ 时，组合结构可发生单一接触面滑移破碎失稳；

③ 当两个接触面微元体主应力及接触面倾角均可以满足 $f(\sigma_y,\sigma_x,\gamma)\geqslant\tan\varphi$ 时，组合结构可发生双接触面滑移破碎失稳。

（3）根据夹矸—煤组合结构实际赋存条件，推导出临空条件下夹矸收缩型组合结构煤矸接触面发生相对滑移的判别条件。

上接触面：

$$f(k,\lambda,H,L,\gamma)=$$

$$\frac{(L^3-k\lambda H^2 L)\tan^2\gamma+(2HL^2-\lambda HL^2-k\lambda H^3)\tan\gamma+(1-\lambda)kH^2 L}{(L^3-kH^2 L)\tan\gamma+(2-\lambda)HL^2-k\lambda H^3}\geqslant\tan\varphi$$

下接触面：

$$f(k,\lambda,H,L,\gamma)=$$

$$\frac{(L^3+k\lambda H^2 L)\tan^2\gamma+(2HL^2+\lambda HL^2+k\lambda H^3)\tan\gamma+(1+\lambda)kH^2 L}{(L^3-kH^2 L)\tan\gamma+(2+\lambda)HL^2+k\lambda H^3}\geqslant\tan\varphi$$

或

上接触面：

$$f(k,\lambda,H,L,\gamma)=$$

$$\frac{(L^3-k\lambda H^2 L)\tan^2\gamma+(2HL^2-\lambda HL^2-k\lambda H^3)\tan\gamma+(1-\lambda)kH^2 L}{(L^3-kH^2 L)\tan\gamma+(2-\lambda)HL^2-k\lambda H^3}\leqslant-\tan\varphi$$

下接触面：

$$f(k,\lambda,H,L,\gamma)=$$

$$\frac{(L^3+k\lambda H^2 L)\tan^2\gamma+(2HL^2+\lambda HL^2+k\lambda H^3)\tan\gamma+(1+\lambda)kH^2 L}{(L^3-kH^2 L)\tan\gamma+(2+\lambda)HL^2+k\lambda H^3}\leqslant-\tan\varphi$$

由此推广得出，仅受垂直应力作用时夹矸—煤组合结构的滑移判别条件为 $\tan\beta\geqslant\tan\varphi$。

（4）动载扰动可以改变主应力大小、方向及接触面摩擦性质，从而促进夹矸—煤组合结构的破坏失稳，同时动载扰动可改变组合结构的失稳形式（滑移/破碎失稳）。

（5）夹矸—煤组合结构破坏失稳的能量耗散机制。

　　单纯破碎失稳结构积累的可释放应变能较高,失稳时造成煤体破碎范围较大,产生的破碎体动能可能较低;单一接触面滑移破碎失稳结构积累的可释放应变能低于破碎失稳结构,但应力集中造成结构失稳时破碎范围较小,破碎体动能可能较高;双接触面滑移破碎失稳结构积累的应变能大部分转化为煤岩体整体动能,且存在部分动能又转化为破碎体的动能现象,这可能会导致破碎体高速抛出。

第四章　夹矸—煤组合结构破坏失稳
宏细观参量特征分析

　　颗粒流数值模拟（PFC）基于离散元框架的细观分析软件，因不受变形量约束，能够处理非连续介质力学问题，可有效解决介质开裂和分离等非连续问题（石崇等，2008）。颗粒流数值模拟方法因具有上述功能特征，常被用于模拟煤岩材料的细观结构特征，并描述煤岩体的渐进开裂和摩擦滑移过程。特别的，近年来，PFC方法已经能够成功地利用 AE 及能量追踪的方法来研究煤岩体的破坏失稳特征（Camones et al.，2013；Nguyen et al.，2017；Hazzard et al.，2000）。对于夹矸—煤组合结构破坏失稳宏观参量演化规律，以及应力加载过程中组合结构的失稳特征、影响因素及前兆信号特征，第二章已通过室内试验进行了初步研究，但受室内试验的局限性，无法对组合试样的细观参量进行详细研究。据此，借助颗粒流数值模拟方法，对动静载作用下夹矸—煤组合结构破坏失稳过程中的宏细观参量特征进行深入研究。

第一节　数值模型建立及参数校正

一、模型建立

　　为了研究煤层夹矸在开采扰动作用下的破坏失稳特征，基于离散元颗粒流数值模拟软件 PFC[2D]，对含夹矸煤层的实际赋存条件进行简化，建立"顶板—煤层—夹矸—煤层—底板"数值模型，对静载及动静载叠加作用下夹矸—煤组合结构的破坏失稳过程进行模拟研究。模型尺寸遵循 ISRM 单轴压缩试验标准（Fairhurst et al.，1999）设定为 50 mm×120 mm，顶底板岩层厚度均设定为 10 mm，"煤层—夹矸—煤层"整体厚度设置为 100 mm，如图 4-1 所示，其中，煤矸接触面倾角 α,β 按照表 4-1 进行设置。模型中 C_U、C_D 分别表示上下煤分层，R_T 表示夹矸岩层，R、F 分别表示煤层顶、底板，W_1、W_2 分别表示上、下加载墙体，P_1—P_8 为位移测点，f_1、f_2 分别表示上、下煤矸接触面，C_1、C_2 分别表示布置在上、下煤分层中的测量圆。模型中煤岩体内部接触方式采用线性平行接触模型模拟,煤矸接触面接触方式采用 Smooth-Joint 接触模型模拟,颗粒与加载墙体间的接触方式采用线性接触模型模拟。为了防止顶底板岩块的水平移动,模型设计在顶底板岩层两侧建立竖直墙体 w_1、w_2、w_3 及 w_4。

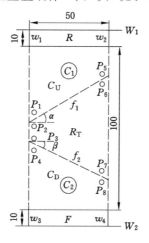

图 4-1　数值模型示意

表 4-1　组合模型接触面倾角设置情况

模型	S-1	S-2	S-3	S-4	S-5	S-6	S-7	S-8
上接触面倾角 $\alpha/(°)$	25	30	32.5	35	25	32.5	35	27.5
下接触面倾角 $\beta/(°)$	20	20	20	20	22.5	22.5	22.5	20
模型	S-9	S-10	S-11	S-12	S-13	S-14	S-15	S-16
上接触面倾角 $\alpha/(°)$	27.5	30	32.5	35	30	32.5	35	32.5
下接触面倾角 $\beta/(°)$	25	25	25	25	27.5	27.5	27.5	30

二、参数设置及校正

　　基于煤岩单轴抗压强度、弹性模量及试样破坏形式,对模型参数进行校正。当模型参数按照表 4-2 所示数值进行设置时,模拟得到的煤岩试样单轴抗压强度分别为 20.15 MPa 及 42.07 MPa,弹性模量分别为 3.062 GPa 及 5.783 GPa。实验室测得煤岩试样单轴抗压强度分别为 18.97 MPa 和 39.68 MPa,弹性模量分别为 2.937 GPa 及 5.914 GPa。模拟所得煤岩试样单轴抗压强度及弹性模量与实验室测得的结果相差不大,如图 4-2 所示,且模拟与试验所得煤岩试样的破坏特征也较为相似,如图 4-3 所示。因此,模型煤岩体参数按照表 4-2 设置是合理的。

表 4-2　煤岩体参数设置情况

煤岩层	颗粒半径/mm	密度/(kg/m³)	弹性模量/GPa	黏结强度/MPa	摩擦角/(°)
煤	0.5～0.7	1 600	3	10	30
岩石	0.4～0.6	2 600	6	15	30
接触面	—	—	—	0	30

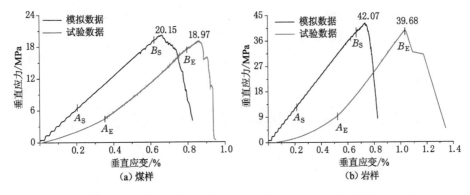

图 4-2　模拟及试验所得煤岩试样应力—应变对比曲线

图 4-3　模拟及试验所得煤岩试样破坏特征对比情况

三、模型加载方式

（1）静载应力加载

通过控制上、下墙体，分别以 0.2 m/s 的速度对模型进行静载应力加载模拟试验，同时利用 history 模块结合 Fish 语言记录加载过程中垂直应力、垂直应变、应变能、动能、滑移能、煤及夹矸块体水平位移以及产生的 AE 事件等参量。另外，为了研究组合模型失稳过程中应力及应变局部集中现象，利用测量圆模块监测模型局部区域应力及应变分量的变化情况。

（2）动静载叠加应力加载

首先控制上、下墙体，以 0.2 m/s 的速度对模型进行静载应力加载至一定应力水平，然后正弦控制加载板位移速度，实现模型的正弦加载。同样的，在模型加载过程中记录垂直应力、垂直应变、应变能、动能、滑移能、煤及夹矸块体水平位移以及产生的 AE 事件等参量。

第二节　组合结构破坏失稳形式及宏观破坏特征

一、静载作用下模型变形破坏特征

模型加载过程中，位移监测点实时记录了该位置的水平位移情况。通过计算接触面两侧对应位置监测点水平位移差值，可以直接得出对应区域接触面两侧的相对位移情况。利用测量圆模块能够监测得到对应区域的水平剪切应变率，通过计算转化可以得出块体的水平剪切应变，进而反映块体的变形特征。另外，模拟过程中记录的 AE 事件可以反映模型中裂隙的演化特征。

为了探究夹矸—煤组合模型的失稳形式，对表 4-1 中不同接触面倾角模型进行了静载应力加载模拟试验。在模型加载过程中，根据监测点水平位移、煤分层水平剪切应变及 AE 事件数变化情况，同时，结合模型状态及接触力分布的可视化观测，将模型失稳类型划分为三种主要形式：煤岩体破碎失稳（FI）、单一接触面滑移破碎失稳（SSI）及双接触面滑移破碎失稳（DSI），并对三种失稳形式的变形及破坏特征进行了详细分析。

根据夹矸—煤组合模型失稳过程中的可视化观测，模型 S-1、S-2、S-5、S-8、S-9、S-10 及 S-13 失稳过程中仅发生了煤岩体破碎，模型 S-3、S-4、S-6、S-7、S-11 及 S-12 失稳过程中仅上接触面发生了明显滑移及煤岩体破碎，模型 S-14、S-15 及 S-16 失稳过程中上下两接触面相继发生了明显滑移及煤岩体破碎，因此，可得出 16 组模型失稳形式划分结果，见表 4-3。

表 4-3　组合模型失稳形式划分结果

组合模型	S-1	S-2	S-3	S-4	S-5	S-6	S-7	S-8
失稳形式	FI	FI	SSI	SSI	FI	SSI	SSI	FI
组合模型	S-9	S-10	S-11	S-12	S-13	S-14	S-15	S-16
失稳形式	FI	FI	SSI	SSI	FI	DSI	DSI	DSI

（1）煤岩体破碎失稳

组合模型失稳过程中,煤岩体中出现了明显的裂隙发育扩展现象,煤矸接触面并未发生明显相对滑移。根据表 4-3 的划分结果,共有 7 组模型发生了煤岩体破碎失稳,分别为组合模型 S-1、S-2、S-5、S-8、S-9、S-10 及 S-13。

基于组合模型 S-1 对煤岩体破坏失稳过程中块体位移、裂隙发育及变形特征进行分析。根据静载应力加载过程中模型 S-1 的实际状态演化特征,在整个应力加载过程中,模型仅发生了破碎失稳,未出现明显接触面滑移。基于模型裂隙扩展发育情况,将模型失稳过程划分为 4 个阶段,如图 4-4 所示。根据各测点水平位移及 AE 事件数,作出上下接触面两端水平位移差及模型 AE 事件数变化曲线,如图 4-5 所示,其中,接触面两端水平位移差表示接触面左右端点附近接触面两侧的水平位移差。

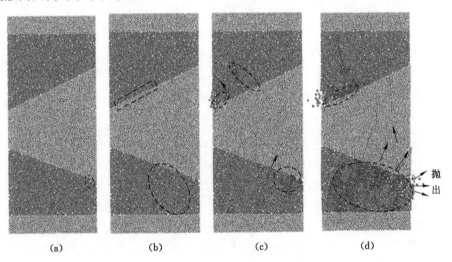

图 4-4　组合模型 S-1 破坏失稳状态演化过程

根据图 4-4 及图 4-5,在 OA 阶段内,模型下分层靠近接触面附近最先出现裂隙发育状况,整体 AE 事件较少,f_1、f_2 接触面两端水平位移差均近似为零。在 AB 阶段内,裂隙发育主要集中在下分层右侧及煤矸接触面附近,AE 事件有所增加。该阶段接触面 f_2 右端水平位移差呈现不同步波动变化特征,这与测点附近煤岩体裂隙发育有关。在 BC 阶段内,模型上分层左侧及下分层右侧出现裂隙的明显发育及扩展贯通情况,裂隙扩展方向大致与接触面垂直,模型中裂隙整体呈对角状分布,AE 事件迅速增加。由于上分层接触面附近破碎体高速抛出,接触面 f_1 左端水平位移差迅速增加。在 CD 阶段内,煤体下分层严重破碎并抛出,特别是右侧边界位置破碎最严重,出现了较高的 AE 事件峰值,同时,伴随下分层接触面附近破碎体的高速抛出,接触面 f_2 右端水平位移差迅速减小。根据模型裂隙发育及块体位移情况,虽然接触面未发生明显滑移,但接触面剪切作用仍比较明显。

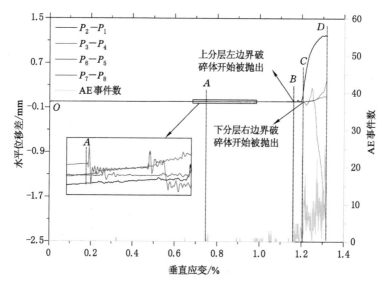

图 4-5 组合模型 S-1 接触面两端水平位移差及 AE 事件数变化曲线

根据图 4-6 所示模型接触力分布演化特征,煤矸接触面上一直存在明显的应力集中现象,主要由接触面两侧介质(煤岩体)的非均匀接触造成。根据 O 时刻接触力分布特征,初始平衡状态时,接触力集中分布在接触面上,其他区域无明显应力集中现象。根据 A 时刻接触力分布特征,从左向右应力集中程度稍有增加,据第三章第三节所得结论,这与模型煤岩高度比变化有关,但接触面 f_1 左侧接触力要稍高于右侧,推测与接触面剪切作用有关。根据 B 时刻接触力分布特征,受接触面剪切作用及裂隙发育影响,接触面 f_1 左侧及 f_2 右侧应力集中程度有所增加,特别是裂隙明显发育扩展后,应力集中呈明显对角状分布(见 C 时刻接触力分布云图)。最终,随着接触面上残余接触的减少,应力集中更加显著,从而造成上分层裂隙明显扩展,同时下分层彻底破碎。

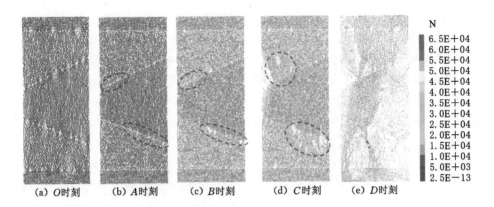

(a) O时刻　　(b) A时刻　　(c) B时刻　　(d) C时刻　　(e) D时刻

图 4-6　组合模型 S-1 接触力分布演化特征

　　根据上下分层测量圆模块记录得到的应变率数据,计算并作出模型 S-1 分层中水平剪切应变变化曲线,如图 4-7 所示。A 时刻前,煤层水平剪切应变较小但不为零,上下分层均表现为右向扭转变形,这说明垂直应力的不均匀分布造成了煤层左右两侧存在一定的应变差异。A 时刻后,上下煤分层出现了扭转变形释放及反转情况,均表现为逆时针扭转,这与模型裂隙呈对角状发育有关,且随 B 时刻后裂隙的明显发育,扭转变形明显增加直至最终失稳。

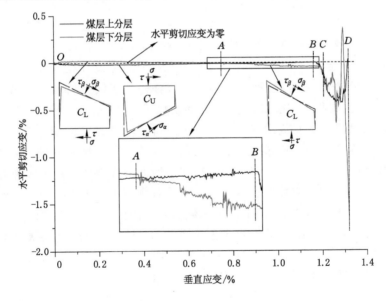

图 4-7　组合模型 S-1 上下分层水平剪切应变曲线

综上,对于煤岩体破碎失稳,受接触面剪切作用影响,裂隙主要在接触面附近开始发育。当应力加载至接近模型失稳时,裂隙开始垂直接触面向煤岩体内部扩展,且存在明显的对角分布特征。最终失稳时,下分层破碎较严重,特别是下分层右侧边界区域,这说明煤岩高度比差异造成的应力不均匀分布及接触面剪切作用导致该区域出现了应力集中,同时,随着裂隙发育,下分层应力集中区迅速向左侧转移。另外,模型失稳过程中,存在边界区域破碎体的高速抛出现象。

(2)单一接触面滑移破碎失稳

组合模型失稳过程中,大倾角煤矸接触面(f_1)发生了明显滑移,同时煤岩体出现明显破碎。根据表 4-3,共有 6 组模型发生了单一接触面滑移破碎失稳,分别为模型 S-3、S-4、S-6、S-7、S-11 及 S-12,其中,模型 S-12 失稳形式较为特殊。模型 S-12 失稳前滑移及破坏形式与其他几组模型完全相同,但在最终失稳时,随着接触面 f_2 两侧煤岩体的大面积破碎,f_2 残余部分出现了微小滑移,主要由接触面长度大幅度减小导致。因此,将模型 S-12 失稳形式归为单一接触面滑移破碎失稳,同时,该失稳特征说明块体破碎对接触面滑移具有促进作用。

基于组合模型 S-3 对单一接触面滑移破碎失稳过程中块体位移、裂隙发育及变形特征进行分析。根据静载应力加载过程中模型 S-3 实际状态演化特征,接触面 f_1 出现了明显的相对滑移,且煤岩体发生了严重破裂,但接触面 f_2 未出现明显滑移。根据接触面滑移及裂隙发育情况,将模型失稳过程划分为 4 个阶段,如图 4-8 所示。根据各测点水平位移及 AE 事件数,作出上下接触面两端水平位移差及模型 AE 事件数变化曲线,如图 4-9 所示。

根据图 4-8 及图 4-9,在 OA 阶段内,组合模型裂隙发育数量较少,同时,随着接触面 f_1 的微小滑动,接触面两端水平位移差同步缓慢增加。在 AB 阶段内,裂隙发育主要集中在接触面 f_1 附近及接触面 f_2 右侧,AE 事件开始明显增加。随着接触面 f_1 的持续滑移,接触面两端水平位移差继续同步增加,其中,出现了水平位移差的同步突增,这说明接触面发生了不稳定滑移(黏滑),且滑移过程中 AE 事件相对密集。在 BC 阶段内,在接触面滑移剪切作用下裂隙开始垂直接触面 f_1 向煤岩体内部扩展,同时,下分层右侧边界出现了集中裂隙的明显发育状况,AE 事件迅速增加,推测与块体扭转变形有关。随着接触面 f_1 相对滑移更加明显,接触面两端水平位移差迅速增加,但两端水平位移差增加出现了明显差异,同时,接触面 f_2 右端水平位移差明显增加,这说明上分层左侧及下分层右侧均出现了破碎体的高速抛出现象。在 CD 阶段内,裂隙发育主要集中在接触面 f_1 左侧及下分层右侧,AE 事件有所减少,这说明随着接触面滑移块体扭转变形程度增大。另外,随着接触面 f_1 进一步滑移,接触面两端水平位移差继续增加,同时,各位置水平位移差变化特征反映出破碎体抛出速度继续增加。

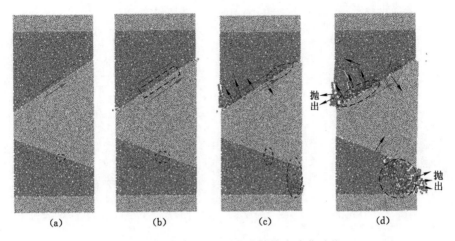

图 4-8　组合模型 S-3 破坏失稳状态演化过程

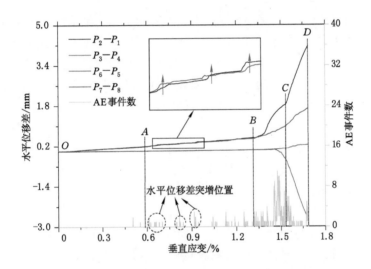

图 4-9　组合模型 S-3 接触面两端水平位移差及 AE 事件数变化曲线

　　根据图 4-10 所示模型接触力分布演化特征,煤矸接触面上同样存在明显的应力集中现象,其中,自初始状态开始就出现了明显的接触力对角分布特征。随着接触面 f_1 的相对滑移,上分层左侧、接触面 f_1 及下分层(及接触面 f_2)右侧应力集中程度逐渐增加,同时,接触面 f_1 上的应力集中程度要高于接触面 f_2(见 A、B 时刻接触力分布云图),这说明模型块体发生了明显的扭转变形,且接触面倾角越大,接触面上的剪切作用越明显。根据 C 时刻接触力分布特征,随着接触面的相对滑移及裂隙发育,接触面 f_1 及下分层应力集中更加明显。最终,随着组合模型破碎失稳,应力主要集中在中间残余位置。

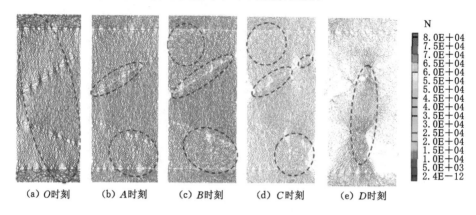

(a) O时刻　　(b) A时刻　　(c) B时刻　　(d) C时刻　　(e) D时刻

图 4-10　组合模型 S-3 接触力分布演化特征

根据上下分层测量圆模块记录得到的应变率数据,计算并作出模型 S-3 分层中水平剪切应变变化曲线,如图 4-11 所示。在应力加载的全过程中,上下分层水平剪切应变均为正,说明上下分层一直处于顺时针扭转变形状态,这与前面对模型变形状态的推测结果一致。AB 阶段上分层出现了明显的剪切应变突增,且突增位置与接触面不稳定滑移位置基本一致,这说明块体变形突增与接触面不稳定滑移有关。BD 阶段出现剪切应变突降现象,特别是 CD 阶段内剪切应变突降十分明显,这说明裂隙的明显发育扩展对块体变形起到了释放作用。同时,上下分层剪切应变存在差异,这说明上下分层扭转变形并不是完全同步的。另外,基于模型接触力分布及块体变形,模型应力集中主要受到接触面滑移及块体扭转变形的影响。

综上,对于单一接触面滑移破碎失稳,在接触面滑移剪切作用下,裂隙首先从接触面 f_1 附近开始发育扩展。随着接触面滑移,组合试样块体发生扭转变形,加上接触面 f_2 的剪切作用,下分层中出现了明显的应力集中,裂隙集中发育,最终导致模型失稳,同时造成破碎体的高速抛出。模型加载至失稳阶段,除了沿接触面 f_1 分布的裂隙外,还存在接触面 f_1 左侧裂隙垂直接触面向煤体内部的明显扩展,这与模型块体扭转变形有关。另外,接触面 f_1 上存在明显的黏滑现象,并伴随有裂隙的密集发育。

（3）双接触面滑移破碎失稳

模型失稳过程中,两个煤矸接触面均发生了明显滑移,同时,煤岩体出现了严重破碎。根据表 4-3,共有 3 组模型发生了双接触面滑移破碎失稳,分别为模型 S-14、S-15、S-16。

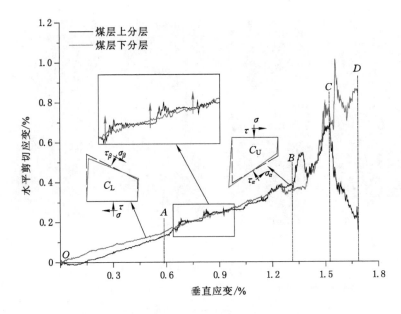

图 4-11　组合模型 S-3 上下分层水平剪切应变曲线

　　基于组合模型 S-14 对双接触面滑移破碎失稳过程中块体位移、裂隙发育及变形特征进行分析。根据静载应力加载过程中模型 S-14 的实际状态演化特征，接触面 f_1、f_2 均发生了相对滑移，同时，煤岩体发生破裂。根据接触面滑移及裂隙发育情况，将模型失稳过程划分为 4 个阶段，如图 4-12 所示。根据各测点水平位移及 AE 事件数，作出上下接触面两端水平位移差及模型 AE 事件数变化曲线，如图 4-13 所示。

　　根据图 4-12 及图 4-13，在 OA 阶段内，基本无明显裂隙发育，模型 AE 事件数较少。由于接触面 f_1 上存在持续稳定滑移，接触面 f_1 两端水平位移差同步稳定增加，但整体滑移量较小。在 AB 阶段内，裂隙发育主要集中在接触面附近，但接触面 f_2 附近裂隙相对较少，AE 事件开始密集出现。随着接触面 f_1 的持续滑移，接触面两端水平位移差继续增加，但存在不稳定滑移现象，且在对应时刻 AE 事件密集出现。在 BC 阶段内，接触面 f_2 附近微裂隙明显发育，AE 事件在 B 时刻附近密集出现，同时，该时刻附近接触面 f_2 明显突滑，接触面 f_1 两端水平位移差同步突增，其中，AE 事件密集出现与接触面滑移同时发生。在 CD 阶段内，接触面附近裂隙明显发育，其中，接触面 f_2 附近裂隙发育程度明显要比接触面 f_1 高得多，且存在裂隙垂直接触面向煤岩体内部的明显扩展，AE 事件数迅速增加。根据接触面两端水平位移差变化曲线，两接触面均发生了明显滑移，接触面 f_2 左右两端破碎体被高速抛出，且右端破碎体抛出速度明显较高，这说明裂

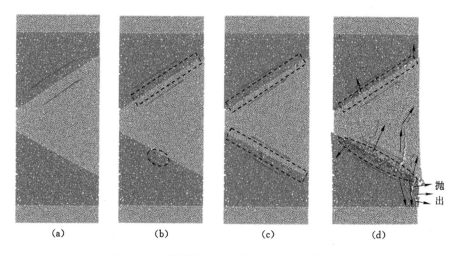

图 4-12　组合模型 S-14 破坏失稳状态演化过程

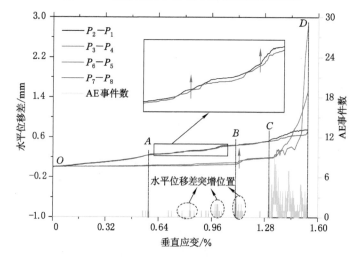

图 4-13　组合模型 S-14 接触面两端水平位移差及 AE 事件数变化曲线

隙发育扩展及破碎体高速抛出与接触面滑移剪切作用密切相关。

　　根据图 4-14 所示模型接触力分布演化特征,初始状态时模型整体应力分布呈现明显的对角状特征(见 O 时刻接触力分布云图)。接触面 f_2 发生明显滑移前,接触面 f_1 滑移引起的块体扭转变形导致接触力大致呈对角状集中分布,但接触面上的应力集中程度普遍较高(见 A、B 时刻接触力分布云图),这与接触面滑移剪切作用有关。根据 C 时刻接触力分布特征,随着接触面 f_2 的滑移,模型下分层右侧应力集中程度减弱,但接触面 f_2 上应力集中程度明显增加,这说明随着接触面的相对滑移,其剪切作用增强。根据 D 时刻接触力分布特征,模型失稳与接触面 f_2 附近煤岩体破碎有关。

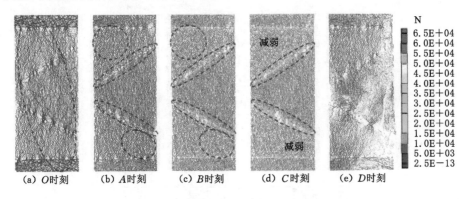

图 4-14　组合模型 S-14 接触力分布演化特征

　　根据上下分层测量圆模块记录得到的应变率数据,计算并作出模型 S-14 分层中水平剪切应变变化曲线,如图 4-15 所示。发生失稳前(C 时刻前),上下煤分层水平剪切应变均为正值,这说明上下分层均一直处于顺时针扭转变形状态。与上一失稳阶段不同的是,B 时刻后下分层水平剪切应变明显下降,这说明随着接触面 f_2 的滑移,下分层扭转变形明显回转释放。在 AB 阶段内,随接触面 f_1 的不稳定滑移,上分层水平剪切应变明显波动。B 时刻后,随着接触面 f_2 的相对滑移,上分层扭转变形也得到了小幅度释放。

　　对于双接触面滑移破碎失稳,应力加载前期接触面滑移相对稳定,模型裂隙发育较少,且主要分布在接触面附近。随着两接触面上的不稳定滑移,特别是接触面 f_2 上的明显突滑,接触面附近裂隙集中发育,同时,随着失稳阶段接触面 f_2 上的大尺度剪切滑移,接触面右侧区域裂隙明显向煤岩体内扩展,并造成破碎体的高速抛出。不同于单一接触面滑移破碎失稳,当模型发生双接触面滑移时,块体扭转变形量较小,且变形频繁释放,因此,下分层右侧及上分层左侧应力集中不明显,未造成这两个区域裂隙的集中发育。

　　综上所述,应力加载作用下,夹矸—煤组合模型存在煤岩体破碎、单一接触面滑移破碎及双接触面滑移破碎三种主要失稳形式。受接触面剪切作用影响,裂隙均从接触面附近开始发育,最终均会导致边界区域煤岩体破碎,并造成破碎体的动力抛出。应力加载过程中,三种失稳形式均会出现局部应力集中现象,其中,破碎失稳模型局部应力集中与煤岩高度比差异和接触面剪切作用有关,滑移失稳局部应力集中由接触面滑移造成的块体扭转变形及接触面剪切作用共同导致。另外,组合模型接触面存在不稳定滑移(黏滑)现象,同时伴随有裂隙的密集发育。

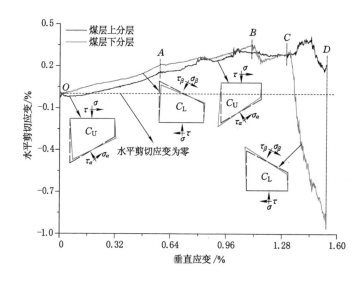

图 4-15　组合模型 S-14 上下分层水平剪切应变曲线

二、动静载叠加作用下模型变形失稳特征

基于上述 16 组模型静载模拟试验结果，设置动静载叠加模拟试验的初始静载应力值为静载模拟试验中静载应力峰值的 80%，对所有模型进行动静载叠加模拟试验（模型分组按照 D-1 至 D-16 进行命名），其中，动载幅值预设值为 1.25 m/s，振动频率预设值为 5.0×10³ Hz。按照该动载参数，对模型进行初步动静载叠加模拟尝试，发现模型 D-1、D-2、D-5、D-6、D-8、D-9 及 D-11 均无法达到失稳状态，正弦动载将无限循环，但通过调整动载幅值可实现模型的最终失稳，因此，调整这些模型动载幅值后再次进行模拟。

根据模拟试验可得，动静载叠加过程中模型失稳形式同样存在静载模拟试验得出的三种情况，其中，动静载叠加模拟试验中模型动载参量设置及失稳形式划分情况见表 4-4，静载模拟试验与动静载叠加模拟试验中各模型失稳形式对比情况见表 4-5。

表 4-4　组合模型动载参量设置及失稳形式划分情况

模型	D-1	D-2	D-3	D-4	D-5	D-6	D-7	D-8
动载幅值/(m/s)	1.4	1.6	1.25	1.25	1.7	1.5	1.25	1.4
失稳形式	FI	SSI	SSI	SSI	FI	DSI	DSI	SSI
模型	D-9	D-10	D-11	D-12	D-13	D-14	D-15	D-16
动载幅值/(m/s)	1.4	1.25	1.4	1.25	1.25	1.25	1.25	1.25
失稳形式	SSI	SSI	SSI	DSI	SSI	DSI	DSI	DSI

表 4-5　静载与动静载叠加条件下模型失稳形式对比情况

组合模型	S-1	S-2	S-3	S-4	S-5	S-6	S-7	S-8
静载失稳形式	FI	FI	SSI	SSI	FI	SSI	SSI	FI
动静载叠加失稳形式	FI	SSI	SSI	SSI	FI	DSI	DSI	SSI
组合模型	S-9	S-10	S-11	S-12	S-13	S-14	S-15	S-16
静载失稳形式	FI	FI	SSI	SSI	FI	DSI	DSI	DSI
动静载叠加失稳形式	SSI	SSI	SSI	DSI	DSI	DSI	DSI	DSI

注:因为静载模拟试验中各模型与动静载叠加模拟试验中模型尺寸参数一致,此表中模型编号用静载模拟试验中模型编号表示。

根据静载与动静载叠加条件下模型失稳形式对比情况不难发现,模型 D-2、D-6、D-7、D-8、D-9、D-10、D-12 及 D-13 在两种不同加载方式下失稳形式发生了变化。因此,除选取模型 D-1 对动静载叠加作用下组合模型煤岩体破碎失稳特征进行分析外,从这些模型中选取失稳状态较为典型的两组模型,对动静载叠加作用下组合模型的滑移失稳形式进行详细分析,其中,静载阶段失稳特征已经在上一小节中进行了详细描述,此处不再赘述,仅对动载阶段模型失稳特征进行分析。

（1）煤岩体破碎失稳

针对煤岩体破碎失稳,基于组合模型 D-1 对动载阶段块体位移、裂隙发育及变形特征进行分析。根据动载应力加载过程中模型 D-1 的实际状态演化特征,模型 D-1 仅发生了破裂失稳,接触面未出现明显的相对滑移。基于动载过程中模型裂隙发育及变形情况,将动载作用下模型失稳过程划分为 3 个不同阶段,如图 4-16 所示。根据各测点水平位移及 AE 事件数,作出上下接触面两端水平位移差及模型 AE 事件数变化曲线,如图 4-17 所示。

根据图 4-16 及图 4-17,动载应力加载前,模型接触面附近已出现微裂隙发育现象,其中,以接触面 f_2 右侧边界区域的微裂隙发育为主,但整体 AE 事件较少,同时,接触面两侧水平位移差近似为零。在 AB 阶段内,上分层左边界附近出现了明显的裂隙扩展,主要由接触面向煤体内部扩展,同时,下分层中出现少量微裂隙,AE 事件密集出现。由于煤岩高度比差异,接触面 f_2 两端水平位移差出现轻微波动变化。在 BC 阶段内,上分层左边界破碎范围及裂隙扩展程度明显增加,并出现贯通裂隙及破碎体的抛出,AE 事件有所增加,同时,随着破碎体的高速抛出,接触面 f_1 左端水平位移差迅速增加。在 CD 阶段内,上分层破碎区沿接触面向右扩展,并形成了新的贯通裂隙,AE 事件密集出现,同时,随着破碎体的继续抛出,接触面 f_1 左端水平位移差继续增加。另外,模型的迅速破碎失稳,造成变形及块体位移增加,接触面两端水平位移差出现了不同程度的增加。

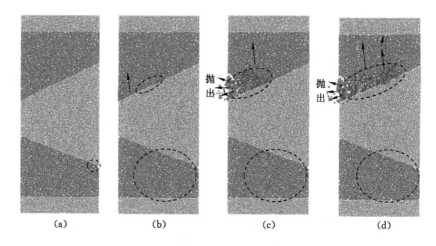

图 4-16　组合模型 D-1 破坏失稳状态演化过程

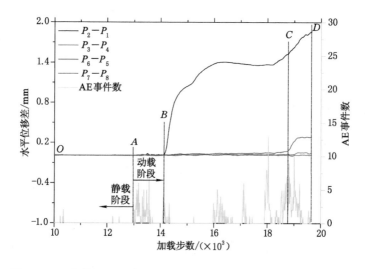

图 4-17　组合模型 D-1 接触面两端水平位移差及 AE 事件数变化曲线

　　根据图 4-18 所示模型接触力分布演化特征,受初始静载应力作用,动载前接触面及煤体内部接触力较高(见 A 时刻接触力分布云图),这与接触面上的不均匀接触及煤岩物理参数差异有关。在动载应力及裂隙发育共同作用下,接触面 f_1 附近应力集中程度逐渐增加(见 B 时刻接触力分布云图),且随着上分层破碎区域扩展(见 C 时刻接触力分布云图),接触面 f_1 及上分层应力集中区逐渐向右侧转移,同时,整个模型中的应力随之集中在右半部分(见 D 时刻接触力分布云图)。

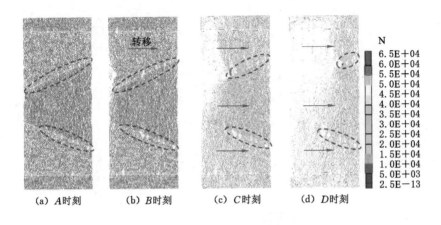

(a) A时刻　　(b) B时刻　　(c) C时刻　　(d) D时刻

图 4-18　组合模型 D-1 接触力分布演化特征

根据上下分层测量圆模块记录得到的应变率数据,计算并作出模型 D-1 分层中水平剪切应变变化曲线,如图 4-19 所示。随着动载的施加,上下分层水平剪切应变明显起伏波动,这说明动载作用下模型块体交替出现扭转变形及其释放,其中,上分层的扭转变形比较明显,这与上分层裂隙明显发育造成的应力集中有关。从应变曲线来看,上分层发生了明显的逆时针扭转,下分层由逆时针扭转变为顺时针扭转,但变形量较小。根据上下分层的变形特征,随着上分层的破碎,模型整体发生了弯曲变形。最终失稳时,上分层变形得到释放并出现微小反向扭转,同时,下分层扭转变形增加,推断接触面 f_1 残余区域发生了微小滑移,从而促进了模型的最终失稳。

综上,对于煤岩体破碎失稳,随着动载应力的施加,裂隙首先从上部煤块左侧靠近接触面附近发育并扩展,且破裂范围逐渐向右扩展,裂隙密集出现在接触面附近,并向煤体内部扩展形成贯穿裂隙。随着上分层破碎范围扩展,模型应力集中向右侧转移,同时造成了模型的弯曲变形,表现为上下煤分层的右向扭转变形。特别的,在动载初始阶段,裂隙发育较明显。另外,与静载模拟试验结果类似,模型边界破碎体也存在高速抛出现象。

(2) 单一接触面滑移破碎失稳

针对单一接触面滑移破碎失稳,基于组合模型 D-10 对动载阶段块体位移、裂隙发育及变形特征进行分析。根据动载应力加载过程中组合模型 D-10 的实际状态演化特征,接触面 f_1 出现了明显的相对滑移及煤岩块体破裂,而接触面 f_2 未出现明显滑移。基于动载过程中接触面滑移及裂隙发育情况,将动载作用下模型失稳过程划分为 3 个不同阶段,如图 4-20 所示。根据各测点水平位移及

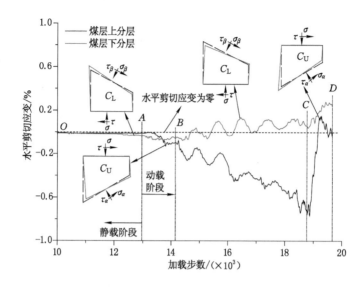

图 4-19 组合模型 D-1 上下分层水平剪切应变曲线

AE 事件数,作出上下接触面两端水平位移差及模型 AE 事件数变化曲线,如图 4-21 所示。

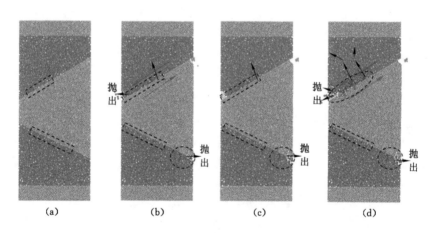

图 4-20 组合模型 D-10 破坏失稳状态演化过程

根据图 4-20 和图 4-21 可知,动载应力加载前,接触面附近已经出现了微裂隙发育现象,微裂隙主要分布在接触面 f_1 附近,但整体 AE 事件较少,同时,接触面两端水平位移差近似为零。在 AB 阶段内,裂隙最先在接触面 f_1 左侧附近及接触面 f_2 靠近模型右侧边界区域发育,其中,接触面 f_1 附近裂隙主要沿接触面分布,接触

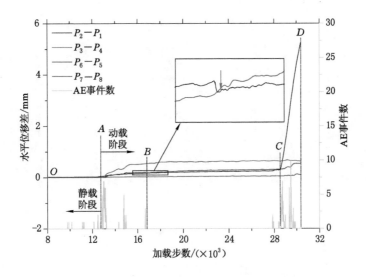

图 4-21　组合模型 D-10 接触面两端水平位移差及 AE 事件数变化曲线

面 f_2 附近裂隙存在向煤岩体内部扩展的特征。此阶段最先出现密集的 AE 事件，随后接触面 f_1 两端水平位移差明显同步增加，这说明接触面 f_1 附近裂隙发育扩展促进了接触面的相对滑移。在 BC 阶段内，模型裂隙发育扩展不明显，AE 事件较少，同时，接触面两端水平位移差变化较小，这说明模型达到了相对稳定状态。在 CD 阶段内，上分层裂隙垂直接触面方向明显扩展，AE 事件密集出现，同时，接触面 f_1 两端水平位移差迅速增加，接触面再次发生迅速滑移。另外，由于最终失稳时上分层左侧边界破碎体的高速抛出，接触面 f_1 左端水平位移差迅速增加。

根据图 4-22 所示模型接触力分布演化特征，受静载应力作用，动载前接触面及煤体内部应力明显集中（见 A 时刻接触力分布云图）。随着动载的施加及裂隙发育扩展，上接触面左侧及下接触面右侧应力集中程度明显增加（见 B、C 时刻接触力分布云图）。最终失稳时，随着上分层左侧裂隙的明显扩展，应力明显集中在模型右半部分（见 D 时刻接触力分布云图）。

根据上下分层测量圆模块记录得到的应变率数据，计算并作出组合模型 D-10 分层中水平剪切应变变化曲线，如图 4-23 所示。在静载阶段内，上下分层均出现了右向扭转变形，这与煤岩块体高度差异有关。在 AB 阶段内，上下分层变形状态发生迅速反转，随后保持顺时针扭转变形，这说明接触面 f_1 的明显滑移造成了块体的扭转变形。在 BC 阶段内，块体扭转变形增量不大，但下分层变形增加与释放的波动幅度明显增加。在 CD 阶段内，上分层水平剪切应变增速降低为负值，且变化幅度较大，波动十分明显，同时，下分层扭转变形迅速增加，

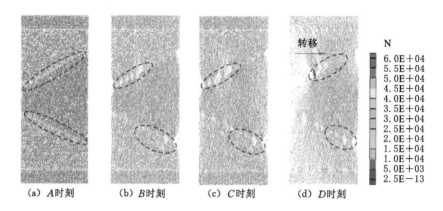

（a）A时刻　　（b）B时刻　　（c）C时刻　　（d）D时刻

图 4-22　组合模型 D-10 接触力分布演化特征

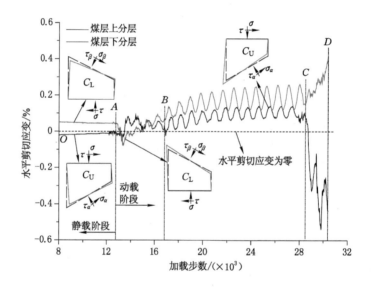

图 4-23　组合模型 D-10 上下分层水平剪切应变曲线

这说明接触面 f_1 的相对滑移导致块体进一步出现扭转变形，且上分层裂隙扩展引起了水平剪切应变的异常变化。

综上，对于单一接触面滑移破碎失稳，裂隙首先在上接触面左侧沿接触面发育。随着动载循环加载，模型加载经历了一段稳定期，最终伴随着上接触面的再次滑移，上分层中出现了明显的裂隙扩展，组合模型发生失稳。由于单一接触面的相对滑移，模型扭转变形并造成局部应力集中，表现为裂隙扩展及应力集中的对角分布。特别的，在动载初始阶段，接触面上的相对滑移程度较明显。另外，该失稳形式同样存在模型边界破碎体的高速抛出现象。

（3）双接触面滑移破碎失稳

针对双接触面滑移破碎失稳，基于模型 D-7 对动载阶段块体位移、裂隙发育及变形特征进行分析。根据动载应力加载过程中模型 D-7 的实际状态演化特征，两个煤矸接触面均出现了明显相对滑移，并伴随煤岩块体破裂。基于动载过程中接触面滑移及裂隙发育情况，将动载作用下模型失稳过程划分为 3 个不同阶段，如图 4-24 所示。根据各测点水平位移及 AE 事件数，作出上下接触面两端水平位移差及模型 AE 事件数变化曲线，如图 4-25 所示。

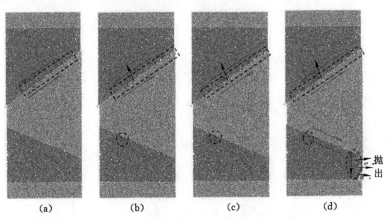

图 4-24　组合模型 D-7 破坏失稳状态演化过程

根据图 4-24 及图 4-25，与单一接触面滑移破碎失稳类似，动载应力加载前接触面 f_1 附近已经出现了微裂隙发育现象，同时，接触面 f_1 存在较稳定的持续滑移。在 AB 阶段内，接触面 f_1 附近裂隙开始向煤层中扩展，同时，接触面 f_2 附近裂隙开始明显发育。伴随着裂隙的发育扩展，接触面 f_1 相对滑移出现了差异性，接触面左侧滑移突增，同时，接触面 f_2 左侧区域发生了小幅度滑移。另外，滑移突增及裂隙扩展均发生在动载初始阶段。在 BC 阶段内，接触面滑移及裂隙发育特征与上一失稳形式中的 BC 阶段类似，也出现了相对稳定状态。在 CD 阶段内，下分层右侧边界位置出现了明显的裂隙扩展，同时，接触面 f_2 完整区域出现明显滑移，并带动破碎体高速抛出。

根据图 4-26 所示模型接触力分布演化特征，由于静载作用下接触面 f_1 的持续滑移，动载应力加载前组合模型接触力呈明显的对角状分布特征（见 A 时刻接触力分布云图）。伴随着动载过程中裂隙扩展，接触面上应力集中程度逐渐增加（见 B、C 时刻接触力分布云图）。最终失稳时，随着接触面 f_2 的相对滑移及下分层右侧裂隙的扩展发育，应力集中程度降至最低（见 D 时刻接触力分布云图）。

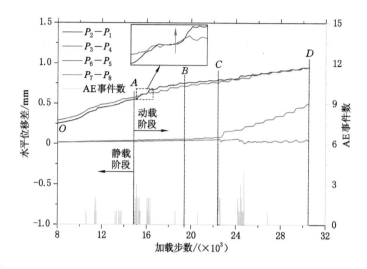

图 4-25　组合模型 D-7 接触面两端水平位移差及 AE 事件数变化曲线

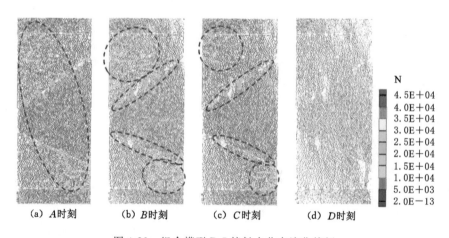

| (a) A时刻 | (b) B时刻 | (c) C时刻 | (d) D时刻 |

图 4-26　组合模型 D-7 接触力分布演化特征

　　根据上下分层测量圆模块记录得到的应变率数据，计算并作出组合模型 D-7 分层中水平剪切应变变化曲线，如图 4-27 所示。在 AB 阶段内，上分层水平剪切应变波动较明显，这说明接触面 f_1 上出现了往复循环滑移，块体扭转变形交替增加和释放。在 BC 阶段内，块体扭转变形增量不大，但下分层变形增加与释放的波动幅度明显增加。在 C 时刻附近，下分层扭转变形迅速释放，推测与下分层裂隙的迅速发育有关。随着接触面 f_2 的相对滑移及裂隙发育扩展，在 CD 阶段内上下分层扭转变形持续释放，直至模型最终失稳。

　　对于双接触面滑移破碎失稳，在静载阶段便出现了接触面 f_1 上的相对滑

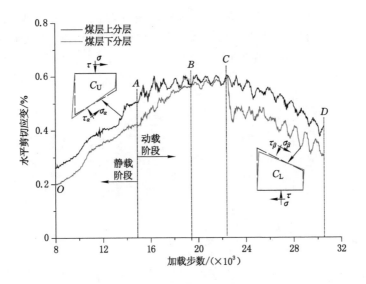

图 4-27　组合模型 D-7 上下分层水平剪切应变曲线

移,随着动载的施加,两接触面均出现了裂隙发育现象,特别是接触面 f_2 附近裂隙明显向煤体中扩展,最终,接触面 f_2 也出现了相对滑移。在接触面 f_2 发生明显滑移前,受接触面 f_1 滑移影响,块体扭转变形持续增加,模型应力集中及裂隙发育呈明显的对角状分布特征。与其他失稳形式类似,模型 D-7 接触面滑移突增及裂隙扩展均出现在动载初始阶段。另外,由于接触面 f_2 的滑移剪切作用,下分层边界破碎体被高速抛出。

综上所述,与单纯静载作用下模型失稳特征类似,动静载叠加作用下组合模型也出现了类似的三种失稳形式,并出现破碎体的动力抛出。根据不同加载方式组合模型失稳形式的对比,动载扰动对接触面滑移具有明显的促进作用。需要注意的是,在动静载叠加模拟试验中,动载应力加载初始阶段一般会出现接触面的明显滑移及裂隙的明显发育扩展,这与应力突然增大有关。

三、不同失稳形式模型失稳强度对比

根据对单纯静载及动静载叠加作用下模型的失稳特征分析,在两种加载模式下,模型的失稳形式均可划分为三种。为了分析不同失稳形式的失稳强度及动力显现存在的差异,基于静载失稳过程中不同失稳形式模型垂直应力、能量、AE 事件数及破碎体抛出速度等参量进行对比分析。

统计并作出不同失稳形式模型动能总量、AE 事件总数、滑移能总量(滑移所消耗的总能量)等参量的变化曲线,如图 4-28 所示,同时,统计并作出模型应

力峰值、AE 事件数峰值、动能峰值及破碎体速度峰值等参量的变化曲线,如图 4-29 所示(失稳形式 1、2 及 3 依次表示煤岩体破碎失稳、单一接触面滑移破碎失稳及双接触面滑移破碎失稳)。

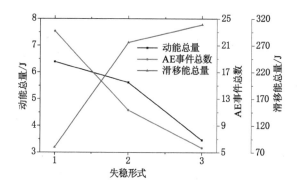

图 4-28　不同失稳形式模型参量总值对比情况

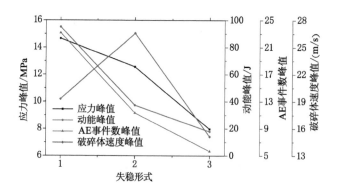

图 4-29　不同失稳形式模型参量峰值对比情况

　　根据图 4-28,由破碎失稳至滑移失稳,模型动能总量及 AE 事件总数逐渐减小,滑移能总量逐渐增加。模型内部接触滑移消耗的总能量在一定程度上能够反映模型失稳过程中整体滑移程度,从模型破碎失稳至双接触面滑移失稳,模型滑移程度逐渐增加。随着模型滑移程度的增加,模型整体破裂程度逐渐降低,同时模型破坏过程中整体动能逐渐降低,这说明随着滑移程度增加,模型整体破坏强度逐渐降低。

　　根据图 4-29,除破碎体速度峰值外,单纯破碎失稳时,模型各参量峰值最高。由破碎失稳至滑移失稳,模型失稳所需应力值逐渐降低,说明同等应力条件下,相对破碎失稳,接触面滑移更容易造成模型失稳,这与接触面剪切滑移及块体扭转变形造成的应力集中有关。由单一接触面滑移失稳至双接触面滑移失稳,接触面滑移越稳定,模型破碎强度及动能释放量相对降低。单一接触面滑移失稳时破碎体抛出速度最大,双接触面滑移失稳时破碎体抛出速度最小,这是由于单一接触面滑移造成块体扭转变形程度较大,局部应力集中较明显。

综上所述,由破碎失稳至双接触面滑移破碎失稳,模型整体滑移程度逐渐增加,破坏强度逐渐降低,但接触面滑移更容易造成模型失稳。接触面滑移越稳定,模型瞬时失稳强度及动能释放量越低。当模型发生单一接触面滑移失稳时,组合模型动力显现最强烈。

第三节　组合结构破坏失稳细观参量特征

一、水平方向应力及应变分布特征

为了研究不同失稳形式夹矸—煤组合模型水平方向上应力及应变分布情况,分别以模型 S-1、S-3 及 S-14 为研究对象,在下分层选择一条水平线(短边中心线位置)设置一组密集分布的测量圆,监测水平线不同位置垂直应力及应变演化特征。为了使监测结果更加精确,测量圆个数设置为 8 个,测量圆直径设置为 6.25 mm,如图 4-30 所示。需要特别说明的是,本节所分析的垂直应力/应变变化(升高/降低),仅为数值上的变化,未考虑正负号,同时,为了清晰呈现应力应变的演化规律,对监测得到的应力应变值进行了滤波处理。

(1)应力分布特征

计算并统计模型 S-1 测量圆位置垂直应力值,作出模型不同位置垂直应力变化曲线;同时,为了研究垂直应力分布差异,在整个应力加载过程中选取 4 个不同时刻(分别为 a、b、c 及 d 时刻),作出模型不同时刻沿水平线应力分布曲线,如图 4-31 所示。

根据图 4-31,模型 S-1 不同位置应力变化趋势大体一致,在失稳阶段前(c 时刻前)的加载过程中均持续增加(负向),且在失稳阶段明显波动并迅速降至低值。从失稳阶段不同位置应力降低的先后顺序可以判断出,模型失稳是从右向左顺序发展的。模型同一时刻不同位置垂直应力存在一定的差异,b 时刻前模型右边界位置垂直应力最高。c 时刻后模型右边界位置垂直应力相对其他位置开始逐渐降低,左边界位置垂直应力相对其他位置开始逐渐升高,并最终达到最高值。测量圆 C-6 位置垂直应力在 4 个时间点均最小。根据沿水平线 4 个时刻垂直应力标准差,随着应力加载,水平方向上垂直应力分布的差异性逐渐增大,应力集中现象越来越明显。

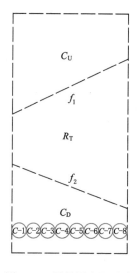

图 4-30　测量圆布置示意

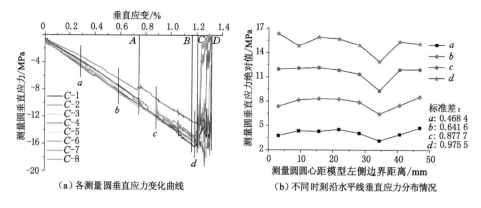

（a）各测量圆垂直应力变化曲线　　（b）不同时刻沿水平线垂直应力分布情况

图 4-31　模型 S-1 沿水平线垂直应力变化及分布情况

　　计算并统计模型 S-3 测量圆位置垂直应力值，作出模型不同位置垂直应力变化曲线，同时，选取 4 个不同时刻，作出模型不同时刻沿水平线应力分布曲线，如图 4-32 所示。

　　根据图 4-32，模型 S-3 不同位置垂直应力变化趋势同样相差不大，但不同位置应力值出现了明显分化，整体表现为沿两条线聚集。根据失稳阶段垂直应力变化特征，模型失稳最先由右边界向 C-6 测量圆位置发展，随后再由左边界向中间位置发展。模型同一时刻不同位置垂直应力差异较大，失稳前应力分布整体表现为"左低右高"，且右半部分各位置垂直应力波动比较明显。根据沿水平线

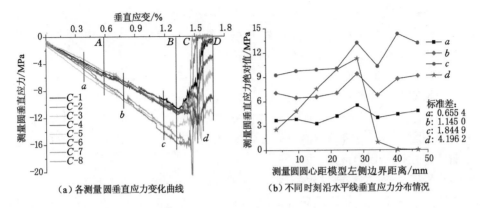

图 4-32　模型 S-3 沿水平线垂直应力变化及分布情况

不同时刻垂直应力标准差,随着应力加载,水平方向上垂直应力分布差异逐渐增大,应力集中程度明显增加。随着模型逐渐失稳,右侧边界应力降至零,左侧各位置应力由左向右逐渐增加,这与失稳过程中下部煤块右侧破碎及块体扭转变形相吻合。

　　计算并统计模型 S-14 测量圆位置垂直应力值,作出模型不同位置垂直应力变化曲线,同时,作出模型不同时刻沿水平线应力分布曲线,如图 4-33 所示。

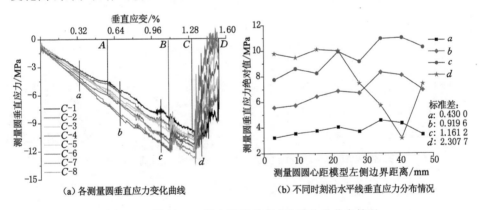

图 4-33　模型 S-14 沿水平线垂直应力变化及分布情况

　　根据 4-33,虽然模型 S-14 各位置垂直应力变化趋势大致相同,但应力值分布比较分散。根据失稳阶段垂直应力变化特征,模型失稳大致从右向左逐渐发展。模型同一时刻不同位置垂直应力同样存在明显差异,大致按从左向右逐渐升高趋势分布,且应力最高位置主要集中在测量圆 C-6 及 C-7 位置。与模型 S-1 及 S-3 类似,随着应力加载,沿水平线不同位置垂直应力标准差逐渐增加,即水平方向上垂直应力分布差异逐渐增大,应力集中程度逐渐增加。失稳时测量圆 C-7 位置垂直应力值最小且从该位置向左逐渐增加,这说明集中应力造成了该位置的破裂失稳,同时,集中应力向两侧转移。

(2)应变分布特征

根据测量圆应变率数据,可计算得出测量圆垂直方向上的应变值,并作出模型 S-1 各位置垂直应变变化曲线,如图 4-34(a)所示。同样的,为了研究沿水平方向同一时刻不同位置垂直应变分布情况,作出不同时刻沿水平线垂直应变分布曲线,如图 4-34(b)所示。

根据图 4-34,失稳前沿水平线不同位置垂直应变变化趋势基本一致,但失稳阶段各位置垂直应变出现异常变化,因此,垂直应变的异常变化可作为该位置破裂失稳标志。最终失稳时,模型右边界最先出现垂直应变的异常增加现象,随后其他区域大致按从右至左的顺序依次出现应变异常变化,这说明该水平线上模型失稳大致按从右至左的顺序发展,与垂直应力变化特征一致。模型同一时刻不同位置垂直应变存在差异,与应力分布特征类似,测量圆 C-5 至 C-7 区域垂直应变较小。4 个时刻沿水平线应变分布特征大体一致,但随着垂直应力加载,各位置应变差异逐渐增大,应变局部化特征越来越明显。

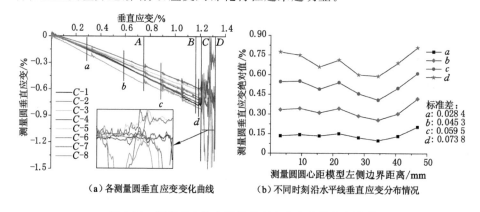

(a)各测量圆垂直应变变化曲线　(b)不同时刻沿水平线垂直应变分布情况

图 4-34　模型 S-1 沿水平线垂直应变变化及分布情况

作出模型 S-3 各位置垂直应变变化曲线及不同时刻沿水平线垂直应变分布曲线,如图 4-35 所示。

根据图 4-35,随着应力加载,沿水平线各位置应变差异逐渐增大,特别是 B 时刻后,模型左侧各位置应变缓慢减小,这与接触面相对滑移有关。C 时刻前,由右向左依次出现垂直应变的异常增加现象,且应变增量按该顺序逐渐减小,这与下分层顺时针扭转变形有关,另外,随着模型右侧裂隙发育,失稳时测量圆 C-6 至 C-8 位置垂直应变增加至极大值。同一时刻沿水平方向由右向左垂直应变逐

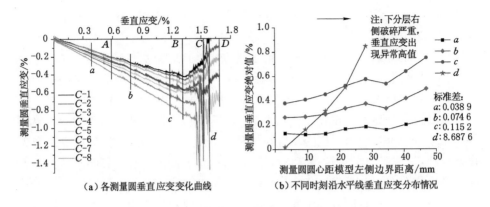

（a）各测量圆垂直应变变化曲线　　**（b）不同时刻沿水平线垂直应变分布情况**

图 4-35　模型 S-3 沿水平线垂直应变变化及分布情况

渐增加，且随应力加载该趋势越来越明显，特别是失稳阶段，由于接触面滑移及块体局部破碎，沿水平线垂直应变呈现明显"左低右高"趋势，且破裂区域垂直应变极高。

作出模型 S-14 各位置垂直应变变化曲线及不同时刻沿水平线垂直应变分布曲线，如图 4-36 所示。

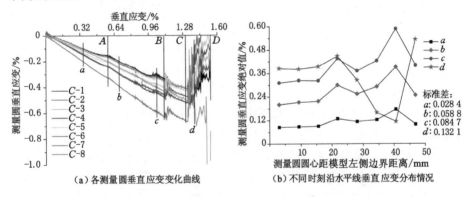

（a）各测量圆垂直应变变化曲线　　**（b）不同时刻沿水平线垂直应变分布情况**

图 4-36　模型 S-14 沿水平线垂直应变变化及分布情况

根据图 4-36（a），水平线上各位置垂直应变整体变化趋势一致，且在失稳前存在较明显的小幅度波动，推断这与接触面 f_1 两侧块体滑移有关。发生失稳时，除右侧边界发生破碎应变值异常升高外，其余位置应变均异常降低。根据失稳阶段（CD 阶段）内沿水平线各位置垂直应变突降顺序，模型按照从右至左的顺序逐渐失稳。根据图 4-36（b），水平线左侧区域（测量圆 C-1 至 C-3 位置）垂直应变较低且分布较均匀，其他位置应变值相对较高，并存在明显的局部应变高值。随着应力加载，失稳前沿水平线垂直应变分布的差异性逐渐增大,即应变局部化特征越来越明显。随着失稳阶段裂隙发育,水平线上从中间位置向右,垂直应变逐渐降低。

综上所述,随着应力加载,模型沿水平方向垂直应力及应变分布存在一定的差异性,且该差异性随应力加载逐渐增大,从而造成模型局部应力集中及应变局部化。相对滑移失稳,破碎失稳模型沿水平方向垂直应力及应变分布较均匀,这说明接触面滑移导致的扭转变形是水平方向垂直应力及应变分布不均的主要原因。水平方向垂直应力及应变高值在失稳前均集中在模型右侧,且该位置最先出现失稳,这说明除了接触面剪切滑移作用外,煤岩高度比也会影响水平方向上应力及应变分布,其中,煤岩高度比较小区域垂直应力及应变一般较大。另外,失稳区域失稳前垂直应力及应变一般较大,因此,可根据应力集中及应变局部化情况确定模型大致失稳区域。

二、接触面局部应变特征

根据应力与变形关系,若微元体出现沿接触面方向的压缩变形,则说明该方向剪切作用较明显;若微元体出现沿接触面方向的拉伸变形,则说明该方向剪切作用较小。因此,沿煤矸接触面布置直径为 7.6 mm 的测量圆,如图 4-37 所示,通过监测接触面附近不同位置应变率数据,计算得到沿接触面方向线应变分量。同样的,以模型 S-1、S-3 及 S-14 沿接触面方向线应变为研究对象,研究应力加载过程中裂隙发育及接触面滑移时接触面附近变形特征,揭示沿接触面局部应变与破裂及接触面滑移的关系。

(1) 破碎失稳

根据测量圆监测数据,计算并作出模型 S-1 接触面附近各位置沿接触面方向线应变曲线,如图 4-38 所示,同样的,对各位置应变曲线进行了滤波处理。

根据图 4-38,模型 S-1 失稳前(B 时刻前)除起始阶段小部分区域存在正应变外,沿接触面方向线应变均为负值,且随着应力加载保持负向增加,这说明失稳前两个接触面上均存在相对滑移趋势(剪切作用较明显)。失稳阶段,沿接触面 f_1 方向线应变整体负向增加且增量较大,沿接触面 f_2 方向线应变整体变为正应变且异常增加,这说明伴随下分层整体破碎,沿接触面 f_2 方向剪切力作用减弱,因此,沿接触面 f_2 方向拉伸应变增加。同时,由于裂隙的不均匀发育,岩块顺时针扭转变形,沿接触面 f_1 方向剪切作用增强。

为了研究裂隙发育对沿接触面方向变形的影响,对 AB 阶段内裂隙发育导致的线应变突变(图中①、②时刻)进行分析。在①时刻附近,接触面 f_1 右侧区域(测量圆 C_{1-5}、C_{1-6} 及 C_{1-7} 位置)线应变负向突增,且增量由左向右逐渐减小,其他区域线应变负向突降;同时,接触面 f_2 边界区域(测量圆 C_{2-6} 及 C_{2-7} 位置)线应

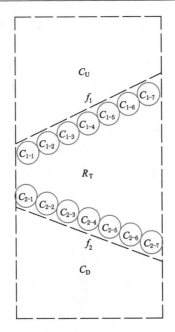

图 4-37　接触面附近测量圆布置示意

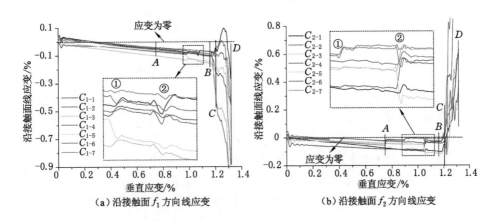

（a）沿接触面 f_1 方向线应变　　　　（b）沿接触面 f_2 方向线应变

图 4-38　沿模型 S-1 接触面方向线应变曲线

变负向突降。结合裂隙发育情况,此时接触面 f_1 中间区域(测量圆 C_{1-4} 与 C_{1-5} 之间区域)及接触面 f_2 右侧边界裂隙明显发育,同时,从接触面 f_1 中间至左侧边界有多个微裂隙发育,这说明接触面附近裂隙区域应变释放并转移,从而造成其他区域线应变突增。在②时刻附近,沿接触面 f_1 方向线应变明显波动,且各位置波动特征一致。接触面 f_2 右侧区域(测量圆 C_{2-5}、C_{2-6} 及 C_{2-7} 位置)线应变负向突增，其他区域线应变负向突降，且突变量从分界区域（测量圆 C_{2-4} 与 C_{2-5} 位置）向两侧逐渐降低。此时接触面 f_2 线应变突变分界区域煤体中裂隙明显发育，同时，接触面左侧有多个微裂隙发育。因此，与位置①时类似，接触面上裂隙区域应变释放并转移，从而造成其他区域线应变突增。另外，接触面附近微裂隙发育还会造成沿另一接触面方向线应变整体突变。

（2）单一接触面滑移伴随破碎失稳

根据测量圆监测数据，计算并作出模型 S-3 接触面附近各位置沿接触面方向线应变曲线，如图 4-39 所示。

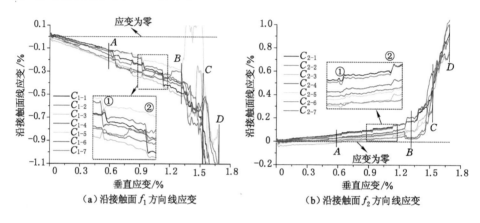

（a）沿接触面 f_1 方向线应变　　　　（b）沿接触面 f_2 方向线应变

图 4-39　沿模型 S-3 接触面方向线应变曲线

根据图 4-39，模型 S-3 应力加载过程中，沿接触面 f_1 方向线应变基本均为负值；除起始阶段部分区域的负应变外，沿接触面 f_2 方向线应变均为正值。这说明接触面 f_2 上不存在相对滑移趋势（剪切作用较弱），推测接触面 f_1 相对滑移导致岩块顺时针扭转，削弱了沿接触面 f_2 方向的剪切应力。

在①时刻附近，接触面 f_1 右侧（测量圆 C_{1-4}、C_{1-5}、C_{1-6} 及 C_{1-7} 位置）线应变负向突增，且增量由左向右逐渐降低，其他区域先负向突降后突增（整体上增加）；同时，沿接触面 f_2 方向线应变整体波动升高。结合模型状态变化情况，此时接触面 f_1 发生滑移且接触面附近出现少量微裂隙。根据沿接触面 f_1 方向线应变特征，接触面右侧最先滑移，左侧应变短暂释放，之后左侧也发生滑移，应变再次负向增加。另外，由于接触面 f_1 的相对滑移，块体扭转变形增加，沿接触面 f_2 方向线应变整体突增。在②时刻附近，接触面 f_1 左侧区域（测量圆 C_{1-1}、C_{1-2} 及 C_{1-3} 位置）线应变负向突增，且由左向右增量逐渐增加，接触面 f_2 大部分区域（测量圆 C_{2-1} 至 C_{2-5} 位置）线应变正向突增。此阶段接触面 f_1 附近无裂隙发育，这说明此时仅接触面 f_1 左侧发生了滑移，即接触面上发生了局部滑移。

（3）双接触面滑移伴随破碎失稳

根据测量圆监测数据,计算并作出模型 S-14 接触面附近各位置沿接触面方向线应变曲线,如图 4-40 所示。

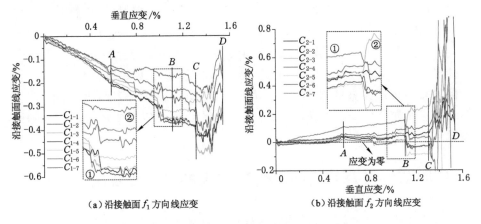

（a）沿接触面 f_1 方向线应变　　（b）沿接触面 f_2 方向线应变

图 4-40　沿模型 S-14 接触面方向线应变曲线

根据图 4-40,模型 S-14 应力加载过程中,沿接触面 f_1 方向线应变均为负值;沿接触面 f_2 方向主要以正应变为主,部分区域交替出现负应变。这说明接触面 f_2 上仅部分区域存在相对滑移趋势,结合加载过程中模型状态变化情况,接触面 f_2 发生了相对滑移,且裂隙沿接触面密集分布,因此,在接触面明显破碎的情况下,滑移产生的剪切力对线应变作用并不明显,仅对完整区域产生了剪切作用。另外,由于最终失稳时测量圆内裂隙发育,沿接触面 f_2 方向线应变异常变化,特别是测量圆 C_{2-4} 至测量圆 C_{2-7},同时,变形释放导致沿接触面 f_1 方向线应变整体减小。

在①时刻附近,接触面 f_1 中间区域(测量圆 C_{1-3}、C_{1-4} 及 C_{1-5} 位置)线应变负向突增,两边界(测量圆 C_{1-1}、C_{1-2}、C_{1-6} 及 C_{1-7} 位置)先减小后增加,而整体上左侧边界线应变呈负向增加趋势,右侧边界负向减小;沿接触面 f_2 方向线应变波动增加。此阶段内,接触面 f_1 发生了明显滑移且微裂隙发育,推测沿接触面 f_1 方向线应变减弱与微裂隙区域变形释放有关。至②时刻附近,沿接触面 f_1 线应变明显波动,存在整体减弱趋势。接触面 f_2 右侧(测量圆 C_{2-4}、C_{2-5}、C_{2-6} 及 C_{2-7} 位置)线应变明显突降,测量圆 C_{2-3} 位置线应变突增,左侧边界线应变波动幅度较小。根据模型状态变化特征,接触面 f_2 右侧(测量圆 C_{2-4}、C_{2-5}、C_{2-6} 及 C_{2-7} 位置)最先出现微裂隙发育情况,之后接触面滑移。因此,由于煤体破碎及接触面滑移,接触面右侧变形释放,线应变降低,同时,集中应力向完整区域转移,特别是邻近破裂位置(测量圆 C_{2-3} 位置),线应变表现为明显突增。

综上所述,沿接触面方向负应变反映了接触面明显的剪切作用,表现为沿接触面方向的压缩变形;沿接触面方向正应变反映了接触面剪切作用较弱,表现为沿接触面方向的拉伸变形。当接触面发生相对滑移或存在滑移趋势时,沿接触面方向剪切应力一般较大;当接触面附近裂隙发育时,沿接触面方向剪切应力出现突降;当接触面滑移导致岩块扭转变形时,另一接触面剪切应力出现突降。由此,可以根据沿接触面方向线应变大致判断接触面滑移及裂隙发育情况。接触面各位置线应变的差异性可反映接触面附近裂隙发育情况,且裂隙发育会造成完整区域应力集中及应变局部化,其中,邻近裂隙区域,应力集中及应变局部化程度最高。由此,可根据各位置线应变变化特征大致判断接触面附近裂隙分布情况。

第四节　组合结构破坏失稳宏观参量特征及前兆信息

为了研究夹矸—煤组合结构失稳过程中的宏观参量特征及前兆信息,分别对不同失稳形式的垂直应力、AE 事件数、应变能变化情况、动能释放情况及 AE 事件 b 值进行分析。其中,静载模拟试验每种失稳形式分别选取 2 组模型进行分析,动静载叠加模拟试验每种失稳形式选取 1 组模型进行分析。

一、煤岩体破碎失稳

对于煤岩体破碎失稳的宏观参量特征及前兆信息,分别选取组合模型 S-1 及 S-9 进行详细分析。借助软件 History 模块及 AE 追踪 Fish 程序,记录应力加载过程中垂直应力、能量及 AE 事件等数据,分别作出垂直应力、AE 事件数、应变能变化量及动能等宏观参量变化曲线,如图 4-41 所示。

根据图 4-41,稳定阶段内,垂直应力稳定增加,无明显波动,同时,应变能平稳积累且存在逐渐增加趋势,AE 事件数及动能均比较小且增加缓慢,这说明稳定阶段内应变能不断积累,垂直应力持续增加,仅有少量微裂隙发育且动能释放不明显。前兆阶段内,出现垂直应力及应变能变化量的明显波动,AE 事件数明显增加,同时,出现了动能相对高值,并出现了应变能变化量负值。上述变化特征说明前兆阶段开始出现应变能释放、垂直应力波动、裂隙明显发育及动能释放情况。需要注意的是,该阶段后期各参量变化出现了短暂停滞,推断为模型失稳前的蓄能过程。失稳阶段内,垂直应力达到峰值并迅速降低,应变能变化量主要在临界线以下剧烈波动并逐渐降低,AE 事件数及动能迅速增加。上述变化特征说明失稳阶段内应变能持续释放,垂直应力持续降低,裂隙明显发育、扩展并贯通形成宏观裂隙,同时,动能明显释放。其中,失稳阶段内垂直应力突降存在

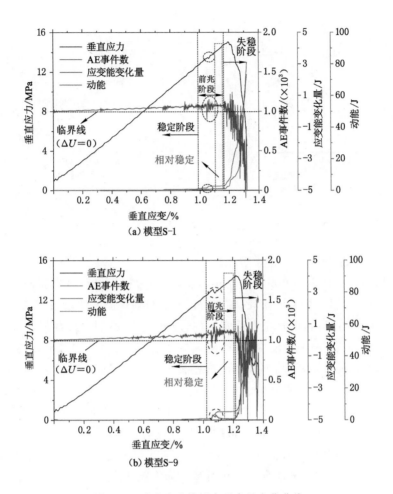

（a）模型S-1

（b）模型S-9

图 4-41　破碎失稳模型宏观参量变化曲线

滞后特征，这说明模型失稳时，应力释放存在滞后性。

　　第二章中已给出，AE 事件 b 值在一定程度上可以反映煤岩体裂纹的演化规律，因此，对模型 AE 事件 b 值进行计算分析。计算并作出破碎失稳模型 b 值变化特征，如图 4-42 所示，其中，由于稳定阶段 AE 事件数量较少，无法满足 b 值计算条件，因此，从前兆阶段开始统计 AE 事件 b 值。

　　根据图 4-42，应力加载至前兆阶段时，AE 事件 b 值较高，之后迅速降低至较小值，这说明应力加载至前兆阶段时，模型内部裂隙主要以微小裂隙为主，同时，微裂隙迅速扩展贯通形成宏观裂隙。失稳阶段内，AE 事件 b 值明显波动，且 b 值整体相对较小，推断失稳阶段内模型内部破裂发育程度较高，且微小裂隙

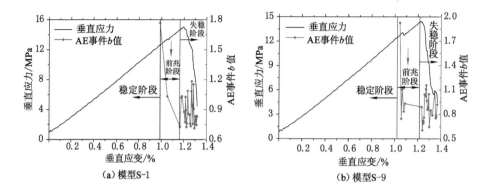

图 4-42　煤岩体破碎失稳模型 AE 事件 b 值变化曲线

不断发育并扩展贯通形成宏观裂隙。

根据破碎失稳模型宏观参量特征,大致可将夹矸—煤组合模型破碎失稳过程划分为三个阶段,即稳定阶段、前兆阶段及失稳阶段。各阶段宏观参量特征表现为:① 稳定阶段内,垂直应力稳定增加,应变能持续积累,裂隙发育及动能释放量均比较小;② 前兆阶段内,开始出现应变能释放、垂直应力明显波动、裂隙明显发育及动能释放现象,但失稳前这些参量均出现了短暂稳定,另外,该阶段内 AE 事件 b 值由高值迅速降低;③ 失稳阶段内,应变能持续释放,垂直应力迅速降低,裂隙明显扩展发育形成宏观裂隙,同时,出现了动能的明显释放及 AE 事件 b 值低水平内的明显波动。根据前兆阶段宏观参量演化规律,可确定组合模型破碎失稳前兆信号特征:① 垂直应力及应变能变化由明显波动进入短暂稳定阶段;② AE 事件及动能释放由相对高值降为较低值;③ AE 事件 b 值由较高值开始迅速降低。

二、单一接触面滑移破碎失稳

对于单一接触面滑移破碎失稳的宏观参量特征及前兆信息,分别选取组合模型 S-3 及 S-7 进行详细分析。作出垂直应力、AE 事件数、应变能变化量及动能等宏观参量变化曲线,如图 4-43 所示。

根据图 4-43,模型稳定阶段内参量变化特征与破碎失稳模型稳定阶段类似。滑移阶段内,应变能变化量及垂直应力明显周期性波动,AE 事件数周期性增加,动能周期性出现相对高值。上述变化特征说明,滑移阶段内开始出现应变能释放、垂直应力波动、裂隙发育及动能释放现象。前兆阶段内,应变能变化量及垂直应力波动性降低,AE 事件数及动能释放量有所降低,简言之,各参量仍

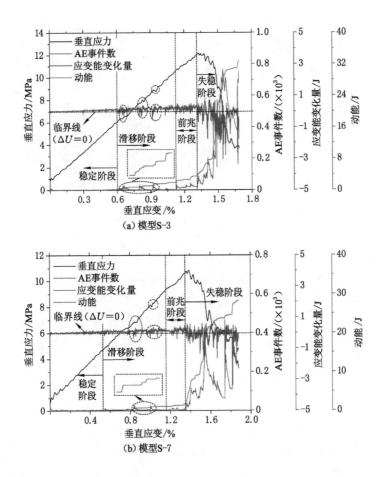

图 4-43　单一接触面滑移破碎失稳模型宏观参量变化曲线

存在周期性变化特征,但参量变化幅度明显降低。上述变化特征说明,前兆阶段内应变能释放、垂直应力波动、裂隙发育及动能释放再次进入短暂稳定阶段。失稳阶段内,应变能变化曲线在临界线附近剧烈波动,垂直应力呈"锯齿形"波动下降,AE事件数迅速增加,动能整体较高并周期性出现极大值。上述变化特征说明,失稳阶段内应变能周期性释放,垂直应力迅速波动降低,裂隙周期性扩展发育,同时,动能周期性释放。另外,应力失稳同样具有一定的滞后性。

　　根据图 4-44 所示单一接触面滑移破碎失稳模型 b 值变化特征,模型 S-3 滑移阶段内 AE 事件 b 值由较高值迅速降至较低值,并在前兆阶段内增加至较高值后迅速降低,随后在失稳阶段表现为低值范围内的波动降低。模型 S-7 滑移阶段内 AE 事件 b 值较低,并在前兆阶段内迅速上升,之后在失稳阶段初期达最

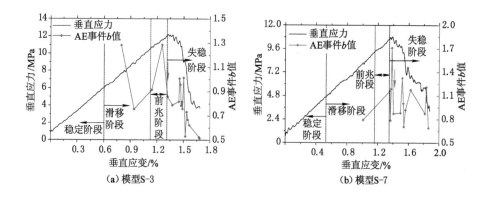

图 4-44　单一接触面滑移破碎失稳模型 AE 事件 b 值变化曲线

大值后迅速降低，最后在失稳阶段表现为低值范围内的波动降低。上述变化特征说明，单一接触面滑移破坏失稳前兆阶段或失稳阶段初期出现了微裂隙明显发育，并迅速扩展贯通形成宏观裂隙。

根据单一接触面滑移破坏失稳宏观参量特征，大致可将夹矸—煤组合模型单一接触面滑移破坏失稳过程划分为四个阶段，即稳定阶段、滑移阶段、前兆阶段及失稳阶段。各阶段宏观参量特征表现为：① 稳定阶段，垂直应力稳定增加，应变能持续积累，裂隙发育及动能释放量较低；② 滑移阶段，开始出现垂直应力的周期性波动、应变能的周期性释放、裂隙的周期性发育及动能的周期性释放现象；③ 前兆阶段，垂直应力波动程度及应变能释放量有所降低，裂隙发育及动能释放趋于稳定，同时，可能存在 AE 事件 b 值由相对高值迅速降低现象；④ 失稳阶段，垂直应力迅速降低，应变能周期性释放，裂隙数量迅速增加，动能明显释放，AE 事件 b 值迅速降至较低水平并明显波动。根据失稳前兆阶段及失稳初期宏观参量演化规律，可以确定组合模型单一接触面滑移破坏失稳前兆信号特征：① 垂直应力波动程度减弱及应变能释放量降低；② AE 事件及动能释放趋于稳定；③ AE 事件 b 值由较高值开始迅速降低。

三、双接触面滑移破碎失稳

对于双接触面滑移破碎失稳的宏观参量特征及前兆信息，分别选取组合模型 S-14 及 S-15 进行详细分析。作出垂直应力、AE 事件数、应变能变化量及动能等宏观参量变化曲线，如图 4-45 所示。

根据图 4-45，模型 S-15 加载初期应变能变化量及垂直应力出现了明显波动，同时出现裂隙发育和动能释放现象，这说明加载初期模型 S-15 便出现了滑

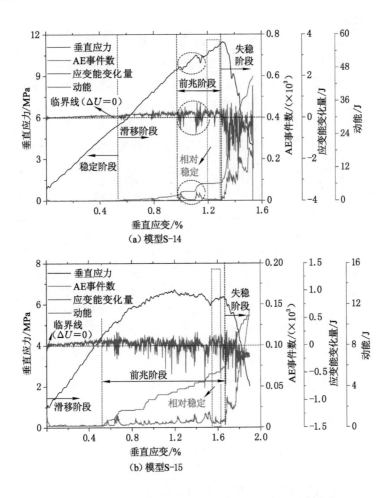

图 4-45　双接触面滑移破碎失稳模型宏观参量变化曲线

移,因此,模型 S-15 加载过程中不存在稳定阶段。模型稳定阶段及滑移阶段宏观参量变化特征与单一接触面滑移破坏失稳类似。前兆阶段内,应变能变化曲线明显波动并出现明显负值,垂直应力出现明显应力降,AE 事件数明显增加,并出现明显的动能高值。上述变化特征说明,应力加载至前兆阶段内,应变能明显释放,垂直应力明显波动,裂隙明显发育,并频繁出现动能的明显释放。但与破碎失稳类似,失稳前各参量变化同样经历了一个短暂稳定阶段。失稳阶段内,应变能变化曲线主要集中在临界线以下,垂直应力迅速波动下降,AE 事件数迅速增加,动能迅速波动升高。上述变化特征说明,失稳阶段内,应变能迅速释放,垂直应力迅速降低,裂隙迅速扩展发育并伴有明显的动能释放。另外,应力失稳也具有一定的滞后性。

根据图 4-46 所示双接触面滑移破碎失稳模型 AE 事件 b 值变化特征,前兆阶段内,AE 事件 b 值首先增加至相对高值再迅速降至低值,这说明该阶段内出现了微裂隙的明显发育及宏观扩展。失稳阶段内,AE 事件 b 值迅速升高,随后出现明显的波动变化,这说明此阶段内也不断出现微裂隙的明显发育并迅速扩展形成宏观裂隙。另外,相对破碎失稳模型,模型 S-14 及 S-15 失稳阶段内 AE 事件 b 值整体较高,推断发生滑移失稳时,模型内部裂隙发育程度较低。

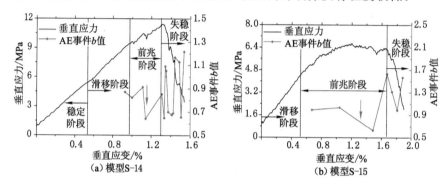

图 4-46　双接触面滑移破碎失稳模型 AE 事件 b 值变化曲线

根据双接触面滑移破碎失稳模型宏观参量特征,可将夹矸—煤组合模型双接触面滑移失稳过程划分为四个阶段,包括稳定阶段、滑移阶段、前兆阶段及失稳阶段,其中,当煤矸接触面倾角较大时,不存在稳定阶段。各阶段宏观参量特征表现为:① 稳定阶段,垂直应力稳定增加,应变能持续积累,裂隙发育及动能释放量均比较小;② 滑移阶段,开始出现垂直应力波动及应变能释放现象,裂隙数量开始增加,并出现动能释放现象;③ 前兆阶段,垂直应力明显波动,应变能明显释放,裂隙数量持续增加,频繁出现动能的明显释放,但失稳前这些参量均出现了短暂稳定,另外,AE 事件 b 值由高值迅速降低;④ 失稳阶段,垂直应力迅速下降,应变能迅速释放,裂隙数量及动能释放量迅速增加,AE 事件 b 值明显波动。根据前兆阶段宏观参量演化规律,可以确定组合模型双接触面滑移破坏失稳前兆信号特征:① 垂直应力波动程度减弱及应变能释放量降低;② AE 事件数及动能释放量出现短暂低值;③ AE 事件 b 值由较高值迅速降低。

综上所述,根据三种失稳形式宏观参量演化规律,夹矸—煤组合模型失稳过程主要经历了稳定—开始出现不稳定—短暂稳定—失稳 4 个阶段,表现为:① 应变能稳定积累,垂直应力稳定增加,裂隙发育及能量释放不明显;② 开始出现应变能释放、应力波动、裂隙明显发育及动能释放现象;③ 各参量变化进入短暂稳定阶段;④ 应变能迅速释放,应力迅速降低,裂隙迅速发育并伴有动能的迅速释放。根据宏观参量特征,得出模型失稳前兆信号特征均满足:① 垂直应力波动程度减弱及应变能释放量降低;② AE 事件数及动能释放量减少;③ AE 事件 b 值由较高值迅速降低。

四、动静载叠加失稳

对于动静载叠加作用下模型失稳的宏观参量特征及前兆信息,分别选取模型 D-1、D-10 及 D-7,对其动载过程参量特征进行详细分析。作出动载阶段垂直应力、AE 事件数、应变能变化量及动能等宏观参量变化曲线,如图 4-47 所示,其中,垂直应力统计的是每次动载循环中的峰值,应变能变化量、AE 事件数及动能统计的是每次动载循环中的累计量。

根据图 4-47,动载初期,垂直应力、AE 事件数、应变能释放量均比较高,且呈逐渐减小趋势变化,这是由于动载的突然施加,对模型造成的瞬时冲击作用较大,但动能释放量较小且逐渐缓慢增加,说明该阶段模型破碎程度不高,动能释放不明显。随着动载应力加载,失稳前出现了明显的稳定阶段,垂直应力下降量、应变能释放量、AE 事件数及动能释放量均较小,说明此时进入了相对稳定阶段。随后应力明显降低,AE 事件迅速增加,且应变能及动能明显释放,最终失稳。与静载失稳特征类似,动静载叠加失稳也具有一定的滞后性。

动载阶段滑移失稳模型 AE 事件数较少,无法对其 AE 事件数 b 值进行计算,因此,仅对破碎失稳模型 D-1 动载阶段 AE 事件 b 值进行了统计计算,结果如图 4-48 所示。

根据 4-48,动载过程中 AE 事件 b 值先由高值迅速降至低值,这说明动载初期随着垂直应力的突然升高,微裂隙明显发育并迅速扩展。失稳前,AE 事件 b 值再次增加至较大值,并开始持续降低,说明微裂隙再次明显发育并扩展贯通形成宏观裂隙,这与静载失稳前 AE 事件 b 值变化特征类似。动载作用下破碎失稳 AE 事件 b 值与动载失稳类似,推断动载作用下滑移破碎失稳时 AE 事件 b 值同样满足这一特征。特别的,根据模型动载失稳特征,存在动载初始阶段应力突然升高时便引起模型失稳的情况。

综上,根据宏观参量变化特征,夹矸—煤组合模型动载失稳经历了不稳定—相对稳定—失稳 3 个阶段,结合初始静载阶段的稳定变化,其参量变化特征与静载失稳时类似,且其失稳前兆信号特征与静载失稳相吻合,因此,静载失稳前兆信号特征可以推广至组合模型动载失稳,但存在动载初始阶段便引起模型失稳的情况。

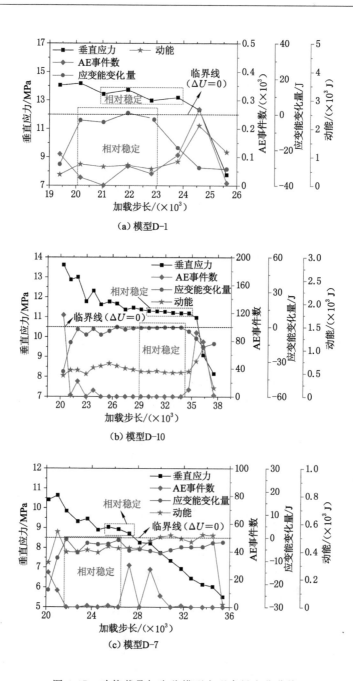

（a）模型 D-1

（b）模型 D-10

（c）模型 D-7

图 4-47　动静载叠加失稳模型宏观参量变化曲线

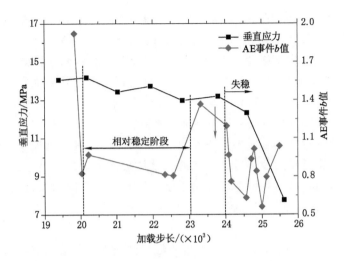

图 4-48　模型 D-1 动载阶段 AE 事件 b 值变化曲线

第五节　本章小结

本章基于颗粒流数值模拟方法（PFC^{2D}），对夹矸—煤组合结构动静载破坏失稳过程进行了模拟研究，同时对组合模型失稳过程中垂直应力、垂直应变、模型应变能、动能、煤及夹矸块体水平位移、AE 事件数、局部应力及应变等参量进行了监测分析，得出了组合煤岩破坏失稳类型、宏细观参量演化规律及前兆信号特征，得到的主要结论如下：

（1）夹矸—煤组合模型破坏失稳类型及宏观破坏特征

夹矸—煤组合模型可能出现煤岩体破碎、单一接触面滑移破碎及双接触面滑移破碎三种主要失稳形式，其中，受接触面剪切作用，裂隙均从接触面附近开始发育，最终导致煤岩体破碎并动力抛出；受接触面剪切、煤岩高度比差异及滑移扭转等因素影响，会出现局部应力集中现象；模型动静载失稳特征与静载失稳特征类似，其中，初始动载对模型失稳作用较明显。另外，接触面会发生不稳定滑移（黏滑），从而导致裂隙集中发育。

（2）夹矸—煤组合模型失稳机理

煤岩破碎失稳模型主要受到接触面剪切及煤岩高度比造成的应力集中作用，从而导致煤岩体破碎失稳；单一接触面滑移破碎失稳模型除受到煤岩高度比差异影响外，还受接触面滑移剪切及扭转作用导致的局部应力集中影响，在三种因素综合作用下发生滑移破碎失稳；双接触面滑移破碎失稳模型受扭转导致的应力集中影响较小,主要在接触面明显滑移剪切作用下发生滑移破碎失稳。

（3）夹矸—煤组合模型不同形式失稳特征差异

破碎失稳整体失稳强度大于滑移失稳,但接触面滑移更易诱发失稳;接触面滑移越稳定,瞬时破坏强度及动能释放量越低,其中,单一接触面滑移失稳动力显现最强烈,与实验室试验所得"低应力条件下高能量释放"特征相吻合。

（4）夹矸—煤组合模型破坏失稳细观参量特征

沿水平方向存在局部应力集中及应变局部化现象,且模型失稳一般发生在该区域,其中,滑移扭转及煤岩高度比差异是该现象出现的主要原因;沿接触面方向应变特征可反映接触面剪切作用强度,其中,应变负向增加,接触面剪切作用越明显,发生滑移的可能性越大。另外,沿接触面方向应变分布差异还可反映裂隙发育情况。

（5）夹矸—煤组合模型破坏失稳宏观参量演化规律及前兆信号特征

模型失稳过程垂直应力、应变能变化量、裂隙发育情况及动能释放量等宏观参量主要经历稳定—开始出现不稳定—短暂稳定—失稳 4 个阶段。同时,可得出其失稳前兆信号特征满足:① 垂直应力波动程度减弱及应变能释放量降低;② AE 事件数及动能释放量减少;③ AE 事件 b 值由高值迅速降低,表现为失稳前的蓄能过程,与实验室试验所得结论相吻合。

第五章　夹矸—煤组合结构破坏失稳
影响因素分析

根据文献综述对接触面失稳强度的总结,大量研究已经证实,影响接触面失稳强度的因素主要为结构面倾角、结构面粗糙度以及结构面强度。对于夹矸—煤组合结构,其整体失稳强度可能由结构面及煤岩体破坏强度共同决定,因此,煤岩体强度可能是组合结构失稳特征的控制因素之一。煤岩体的破坏强度,除受煤岩体自身强度参数制约外,应力加载速度也被证实为主要影响因素(李彦伟等,2016;朱华挺等,2018;王学滨,2008)。另外,动载扰动在煤岩体结构面失稳过程中的影响作用也得到了充分的研究,认为动载扰动在一定程度上能够明显促进煤岩结构弱面失稳(崔永权等,2005;Lu et al,2015),这与理论分析结论一致。

因此,总结影响结构面失稳的主要因素,借助第四章所建颗粒流数值模型,分别对静载作用和动静载叠加作用下夹矸—煤组合结构破坏失稳的可能影响因素进行对比分析,其中,需要分析的组合结构静载失稳影响因素主要包括煤矸接触面倾角、接触面粗糙度、应力加载速度、煤岩体强度等,需要分析的组合结构动静载失稳影响因素主要包括初始静载应力水平、动载频率及幅值等。

第一节　接触面倾角影响效应

一、上接触面倾角

根据组合模型角度设置,分别选取模型 S-1、S-8、S-2、S-3 及 S-4,分析下接触面倾角一致的情况下,上接触面倾角变化对模型失稳特征的影响效应,其中,5组模型上接触面倾角 α 依次增大,分别为 25°、27.5°、30°、32.5° 及 35°,下接触面倾角 β 均为 20°(见表 4-1),模型失稳特征如图 5-1 所示。

根据图 5-1 所示 5 组模型失稳特征,模型 S-1、S-8 及 S-2 未出现接触面的明显滑移,表现为煤岩体破碎失稳。其中,模型 S-1 上下煤分层及岩层均明显破碎;模型 S-8 上分层明显破碎,下分层及岩层裂隙数量较少;模型 S-2 上分层破

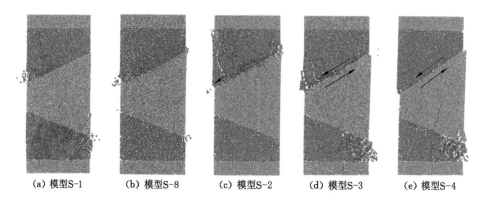

(a) 模型S-1　　　(b) 模型S-8　　　(c) 模型S-2　　　(d) 模型S-3　　　(e) 模型S-4

图 5-1　不同上接触面倾角组合模型失稳特征

碎较严重,而下分层无明显裂隙发育。另外,模型 S-2 上分层左侧大尺度破碎体发生了滑移。模型 S-3 及 S-4 上接触面发生了明显滑移,且出现了煤岩体破碎,特别的,两组模型均出现了下分层右侧的明显破碎抛出,其中,模型 S-4 岩块右下角也出现了破碎抛出,这与上接触面滑移导致的扭转变形有关。简言之,破碎失稳时,上接触面倾角越大,上分层裂隙发育程度越高,下分层裂隙发育程度越低,这与接触面剪切作用强度有关。滑移失稳时上接触面倾角越大,下接触面附近破碎程度越高,这与上接触面滑移造成的块体扭转变形程度有关。

　　应力—应变曲线可表征模型应力加载难易程度及失稳所需应力和应变条件,为了分析上接触面倾角对模型应力加载及失稳条件的影响,统计并作出 5 组模型应力—应变曲线,如图 5-2 所示。

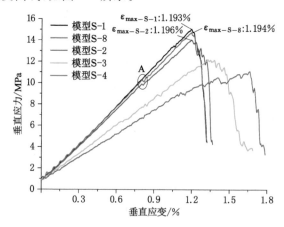

图 5-2　不同上接触面倾角组合模型应力—应变曲线

　　根据图 5-2,随上接触面倾角增加,模型失稳峰值应力不断减小,峰值应变不断增大,特别是滑移失稳,其峰值应力及应变随上接触面倾角的变化幅度明显大于破碎失稳。另外,随着上接触面倾角增加,模型应力增加速度逐渐降低,其中,破碎失稳应力增加速度随上接触面倾角变化幅度较小,但要明显大于滑移失稳。上述变化特征说明接触面倾角越大,剪切作用越明显,接触面更容易发生相对滑移或出现裂隙发育,从而导致模型应变能释放,垂直应力增加速度降低,其中,相对接触面滑移,裂隙发育对垂直应力增加速度影响程度较低。

　　为了对比上接触面倾角对模型失稳强度的影响,统计分析 5 组模型应力加载过程中各参量特征差异,主要包括 AE 事件数、动能、滑移能(内部颗粒滑移消耗能量)、应变能及破碎体抛出速度等参量。应力加载过程中各参量总值在一定程度上可以反映模型整体失稳强度,统计并作出应力加载过程中各参量总值随上接触面倾角的变化曲线,如图 5-3 所示。

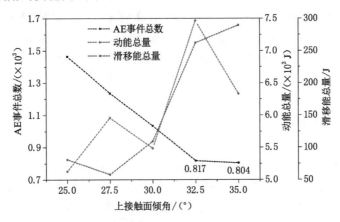

图 5-3　参量总值随上接触面倾角变化曲线

　　根据图 5-3,随上接触面倾角增加,AE 事件总数逐渐减少,其中,破碎失稳时,AE 事件总数线性减小,而滑移失稳时 AE 事件总数相差不大;动能总量大致呈波动上升趋势变化,滑移失稳动能总量明显高于破碎失稳;滑移能总量大致呈逐渐增加趋势变化。上述各参量总值变化特征说明,随上接触面倾角增加,裂隙发育程度逐渐减弱,特别是破碎失稳时,上接触面倾角对裂隙发育影响较大,接触面滑移对滑移能影响较大。需要注意的是,模型 S-3 失稳过程中动能总量明显大于模型 S-4,为了对比两者滑移特征,作出模型应力加载过程中滑移能变化曲线,如图 5-4 所示。

　　根据图 5-4,相对模型 S-4,模型 S-3 滑移能变化较明显,且存在明显突变,特

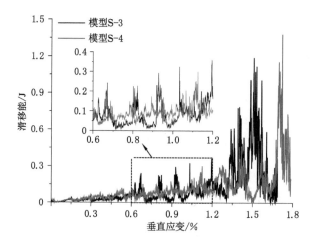

图 5-4　模型 S-3 及 S-4 滑移能变化曲线

别是加载至垂直应变为 0.6％～1.2％时,存在明显的"黏滑"特征。模型 S-4 滑移能介于模型 S-3 滑移能的最高值与最低值之间,且变化较稳定。上述滑移能变化特征验证了实验室试验所得结论,即随接触面倾角增加,接触面剪切滑移越来越稳定。因此,滑移失稳时接触面倾角越小,接触面滑移越不稳定,且动力现象越明显。

不同于各参量总值,应力加载过程中各参量峰值可在一定程度上反映模型的瞬时失稳强度。统计并作出应力加载过程中各参量峰值随上接触面倾角的变化曲线,如图 5-5 所示,其中,各参量峰值统计区间为 10 个加载步长。

根据图 5-5,随上接触面倾角增加,AE 事件数峰值大致呈逐渐减小趋势变化,但滑移失稳模型上接触面倾角较大时,AE 事件数峰值更大;破碎失稳及滑移失稳的动能峰值分别呈增加趋势变化,但滑移失稳动能峰值比破碎失稳小得多;滑移能峰值先减小后增加,且破碎失稳滑移能峰值大于滑移失稳;破碎体速度峰值变化趋势与动能峰值正好相反。上述各参量峰值变化特征说明,破裂失稳时上接触面倾角越小,宏观裂隙瞬时扩展速度越大,滑移失稳时上接触面倾角越大,扭转变形造成的宏观裂隙瞬时扩展速度越大。模型瞬时震动强度与裂隙发育特征类似,但接触面滑移容易造成扭转变形,从而导致应力明显集中,因此,接触面倾角对破碎体动力抛出强度的影响与其模型失稳形式有关。

为了解释滑移能峰值随上接触面倾角变化特征,对破碎失稳与滑移失稳滑移能变化特征差异进行对比分析。作出应力加载过程中模型 S-8、S-2 及 S-3 滑移能变化曲线,如图 5-6 所示,其中,3 组模型滑移能峰值由大到小的顺序为模型 S-8＞S-3＞S-2。

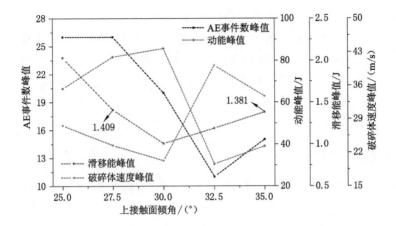

图 5-5　参量峰值随上接触面倾角变化曲线

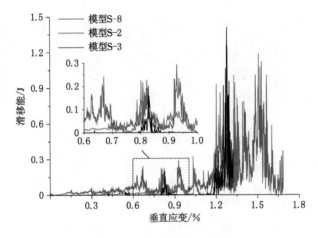

图 5-6　模型 S-8、S-2 及 S-3 滑移能变化曲线

根据图 5-6,模型 S-8 失稳前滑移能仅在垂直应变为 0.8%～0.87%之间时出现明显高值,其余部分近似为零,且失稳时高值区间宽度较小,约为 0.14%(1.18%～1.32%);模型 S-2 失稳前滑移能曲线在垂直应变为 0.77%～1.09%之间时出现明显高值,其余部分较小,失稳时高值区间宽度约为 0.21%(1.16%～1.37%);模型 S-3 失稳前滑移能持续存在周期性高值,失稳时高值区间宽度约为 0.37%(1.32%～1.69%)。由上述滑移能变化特征可得,模型 S-8 失稳前颗粒间滑移量微小,但在失稳时颗粒集中滑移且峰值最高,与裂隙集中发育相对应;模型 S-2 失稳前颗粒间存在少量滑移,但失稳时颗粒滑移较分散且峰值明显小于模型 S-8 及 S-3;模型 S-3 失稳前接触面发生了明显滑移,且失稳时接触面

与裂隙同时滑移,从而造成滑移能整体较高。

综上,随上接触面倾角增加,接触面滑移趋势增加,失稳所需应力峰值降低,模型裂隙发育程度降低,但整体失稳强度增加。滑移失稳时模型瞬时失稳强度小于破碎失稳,但其动力显要比破碎失稳明显得多。简言之,当接触面倾角满足单一接触面滑移失稳,特别是不稳定滑移失稳条件时,模型整体失稳强度更大,动力现象更明显。

二、下接触面倾角

根据组合模型角度设置,选取模型 S-3、S-6、S-11、S-14 及 S-16,分析上接触面倾角一致时,下接触面倾角变化对组合模型失稳特征的影响,其中,5 组模型下接触面倾角 β 依次增大,分别为 $20°$、$22.5°$、$25°$、$27.5°$ 及 $30°$,上接触面倾角 α 均为 $32.5°$(见表 4-1),模型失稳特征如图 5-7 所示。

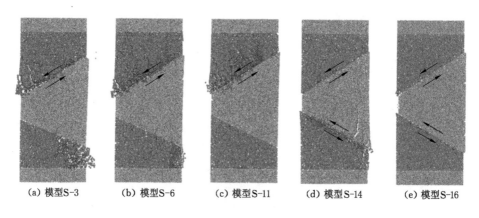

(a) 模型S-3 (b) 模型S-6 (c) 模型S-11 (d) 模型S-14 (e) 模型S-16

图 5-7　不同下接触面倾角组合模型失稳特征

根据图 5-7 所示 5 组模型失稳特征,模型 S-3、S-6 及 S-11 上接触面均发生了明显滑移,而下接触面未出现明显滑移,表现为单一接触面滑移破碎失稳。随下接触面倾角增大,上分层裂隙发育程度逐渐增加,下分层裂隙发育程度逐渐减小。模型 S-14 及 S-16 上下接触面均发生了明显滑移并存在裂隙发育,表现为双接触面滑移破碎失稳。相对单一接触面滑移失稳,模型 S-14 及 S-16 裂隙发育程度较低,特别是模型 S-16,仅在接触面附近存在少量微裂隙。其中,模型 S-14下分层及岩体右侧发生了明显破碎,表现为从接触面向煤岩体内部的延伸扩展,这与模型 S-14 下接触面滑移剪切作用有关。简言之,对于单一接触面滑移破碎失稳,随下接触面倾角增大,上分层裂隙发育程度有所增大,而下分层裂隙发育程度降低,推测与上下接触面倾角差值有关。对于双接触面滑移破碎失稳,下接触面倾角较大时,模型裂隙发育程度较低。

　　根据图 5-8 所示模型应力—应变曲线,除模型 S-3 外,随下接触面倾角增加,峰值应力及应变不断减小,特别是双接触面滑移失稳时,峰值应力及应变变化幅度明显大于单一接触面滑移失稳。模型 S-3 下接触面倾角较大,但其峰值应力及应变明显较小,推测与两接触面倾角差值较大有关,因此,增加了一组补充模型,其上下接触面倾角分别为 32.5° 及 17.5°。根据补充模型应力—应变特征,其峰值应力及应变明显小于模型 S-3,证明模型 S-3 峰值应力及应变较小与两接触面倾角差值有关,从而说明当两接触面倾角差值较大时,随下接触面倾角增加,峰值应力及应变先增加后减小。

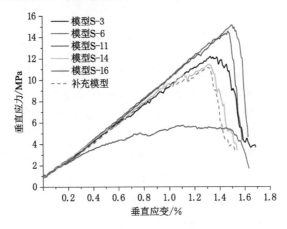

图 5-8　不同下接触面倾角组合模型应力—应变曲线

　　当下接触面倾角较小时,接触面剪切作用较小,接触面不易发生剪切变形及滑移,应力作用主要集中在上接触面,从而造成应力较小时即出现微裂隙发育(见图 5-9 模型 S-3、S-6 及 S-11 AE 事件数变化曲线),同时,造成上接触面滑移及块体扭转变形较大,导致应力增加速度减缓,峰值应力及应变较小,且下分层破碎严重。随下接触面倾角增加,沿接触面剪切变形增加,应力加载对上接触面作用减弱,裂隙发育时期推迟且变形量减小,因此,应力增加速度有所增加,且下分层破碎程度减弱。当下接触面倾角增加到一定程度后,接触面剪切变形或滑移较明显(模型 S-11、S-14 及 S-16 下分层微裂隙沿接触面分布说明了这一点),这又会促进裂隙发育及接触面滑移,从而降低应力增加速度及峰值应力应变,但其扭转变形因下接触面变形滑移而减小,下分层破碎程度继续减小。因此,随下接触面倾角增加,应力增加速度、峰值应力及应变均呈先增加后减小的趋势变化。另外,上述分析也解释了图 5-7 中裂隙发育程度随下接触面倾角增加的变化特征。

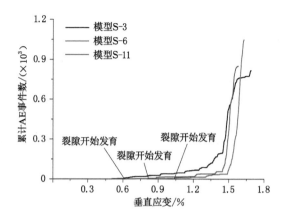

图 5-9　模型 S-3、S-6 及 S-11 AE 事件数变化曲线

　　如图 5-10 所示,随下接触面倾角增加,AE 事件总数先增加后减小,其中,单一接触面滑移失稳 AE 事件总数普遍大于双接触面滑移失稳;动能总量整体大致呈阶梯状减小趋势变化,但模型 S-11 及 S-16 动能总量要稍大于模型 S-6 及 S-14;滑移能总量先减小后增大,其中,模型 S-16 滑移能总量较模型 S-14 明显增加,模型 S-11 滑移能总量较模型 S-6 要小。上述参量总值变化特征说明,随着下接触面倾角增加,裂隙发育程度先增强后减弱,这与模型扭转变形及接触面滑移剪切作用有关,同时,裂隙集中程度可在一定程度上影响动能总量。另外,当单一接触面滑移破碎失稳模型两接触面倾角相差较大时,接触面及裂隙弱结构面滑移所消耗的滑移能较多。

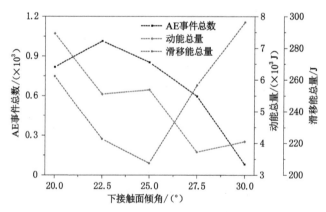

图 5-10　参量总值随下接触面倾角变化曲线

　　根据图 5-11 所示各参量峰值随下接触面倾角变化曲线,随下接触面倾角增

加,AE 事件数峰值、动能峰值及滑移能峰值变化趋势类似,均呈先增加后减小的趋势变化;破碎体速度峰值逐渐降低,但模型 S-3 破碎体速度峰值较其余模型大得多,这与扭转变形造成的局部应力明显集中有关。另外,随下接触面倾角增加,单一接触面滑移失稳各参量峰值均大于双接触面滑移失稳。结合各模型峰值应力及接触面滑移稳定性,上述参量峰值变化特征说明 AE 事件数与裂隙扩展时应力水平有关,接触面滑移越稳定,裂隙瞬时扩展尺度越小,且动能峰值也越小。

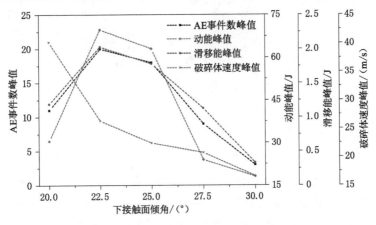

图 5-11　参量峰值随下接触面倾角变化曲线

根据图 5-10 及图 5-11 所示各参量变化特征,模型 S-3 动能总量明显大于模型 S-6 及 S-11,但其动能峰值小于模型 S-6 及 S-11。因此,为了详细对比分析上述模型失稳强度,作出应力加载过程中模型 S-3 与 S-11 滑移能变化曲线,如图 5-12所示。

根据图 5-12,两组模型失稳前滑移能波动趋势相差不大,但模型 S-3 滑移能高值及其突增特性比模型 S-11 明显,且模型 S-3 滑移能高值早于模型 S-11 出现。模型 S-3 失稳时,滑移能集中高值分布区间宽度约为 0.37%(1.32%~1.69%),而模型 S-11 仅为 0.13%(1.45%~1.58%)。上述特征说明,模型 S-3 接触面或裂隙弱面滑移较早,且失稳前不稳定性较高,模型 S-11 失稳时滑移更集中。结合图 5-9中两组模型 AE 事件数变化特征,模型 S-11 失稳强度明显大于模型 S-3,从而推测模型 S-3、S-6 及 S-9 失稳强度差异与失稳时的应力水平有关。

根据上述分析,随下接触面倾角增加,双接触面滑移失稳趋势更明显,且失稳所需应力峰值降低。裂隙发育程度先增加后减小,整体失稳强度逐渐降低。瞬时失稳强度先增加后减小,但以破碎体高速抛出形式的动力显现程度逐渐减弱。简言之,相对双接触面滑移失稳,单一接触面滑移失稳强度更大,动力现象

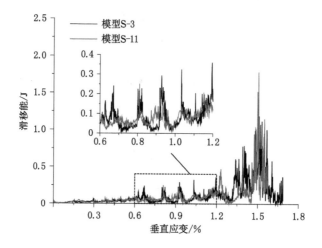

图 5-12　模型 S-3 与 S-11 滑移能对比曲线

更明显。

　　综上所述,上下接触面倾角对模型失稳特征的影响主要通过模型失稳形式体现,其中,当接触面倾角满足单一接触面滑移破碎失稳,特别是接触面不稳定滑移条件时,模型失稳所需应力不高,但接触面滑移造成的应力集中较明显,模型整体失稳强度更大,动力现象也更明显。

第二节　接触面粗糙度影响效应

　　为了研究接触面粗糙度对夹矸—煤组合模型失稳特征的影响作用,基于模型 S-6,以接触面摩擦角描述接触面粗糙程度,设置 5 种不同接触面摩擦角,见表 5-1,对组合模型破坏失稳参量特征进行对比分析,其中,保持上下接触面摩擦角一致,摩擦角越大,表示接触面粗糙度越大。

表 5-1　不同模型接触面摩擦角设置情况

组合模型	F-1	F-2	F-3	F-4	F-5
接触面摩擦角/(°)	25	30	35	40	45

　　根据图 5-13 所示 5 组模型失稳特征,随接触面粗糙度增加,组合模型失稳形式依次表现为双接触面滑移破碎失稳、单一接触面滑移破碎失稳及破碎失稳,与接触面倾角对模型失稳形式的影响作用正好相反。根据裂隙发育特征,随接触面粗糙度增加,上接触面右侧边界(图中 A 区域)裂隙发育程度逐渐增大,但

整体裂隙发育程度先升高后降低,其中,当接触面摩擦角为 35°时破碎程度最高。根据前期分析,受煤岩高度比差异影响,模型右侧应力要高于模型左侧,因此,在应力加载过程中,模型右侧更易形成应力集中,同时,可造成接触面右侧区域应变局部化。随接触面粗糙度增加,模型通过接触面剪切滑移释放局部变形的难度逐渐增加,因此,接触面粗糙度越大,模型右侧应力集中程度及应变局部化特征越明显,特别是接触面剪切作用更明显,从而导致上接触面右侧破坏程度逐渐增大。另外,上接触面附近破裂程度越大或接触面剪切滑移程度越明显,整体变形释放程度也越大,因此,随着接触面粗糙度增加,模型整体破碎程度先升高后降低。

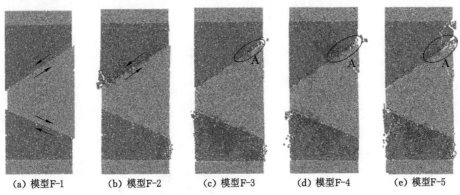

|(a) 模型F-1 　(b) 模型F-2 　(c) 模型F-3 　(d) 模型F-4 　(e) 模型F-5|

图 5-13　不同接触面粗糙度组合模型失稳特征

为了对比分析接触面粗糙度对模型应力加载及失稳条件的影响,分别作出5 组模型应力—应变曲线,如图 5-14 所示。

根据图 5-14,随接触面粗糙度增加,模型失稳时峰值应力先增加后减小,峰值应变逐渐减小,其中,峰值应力随接触面粗糙度的变化趋势与模型整体破碎程度变化趋势一致。另外,根据失稳前应力—应变曲线波动特征不难发现,模型失稳前变形释放造成的应力波动程度越明显,失稳时的峰值应力越小。这说明当接触面粗糙度较大(模型 F-3、F-4 及 F-5)时,随接触面粗糙度增加,接触面剪切滑移程度越小,失稳前越容易出现裂隙发育扩展现象,从而导致峰值应力减小,模型整体破碎程度也随之降低。

根据图 5-15 所示各参量总值随接触面粗糙度变化曲线,随着接触面粗糙度增加,AE 事件总数及动能总量变化趋势基本一致,均呈先增加后减小的趋势变化,这与模型整体破碎程度变化趋势一致,其中,接触面粗糙度较大(模型 F-3、F-4 及 F-5)时,AE 事件总数及动能总量明显较大。随接触面粗糙度增加,滑移能总量逐渐减小,其中,接触面粗糙度较大时,滑移能总量明显较小,这与模型失

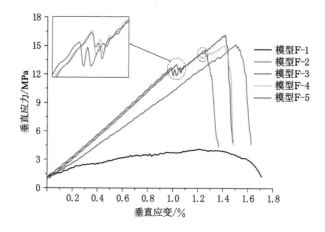

图 5-14　不同接触面粗糙度组合模型应力—应变曲线

稳类型有关。

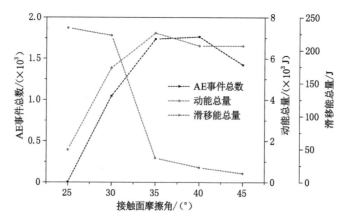

图 5-15　参量总值随接触面粗糙度变化曲线

　　根据图 5-16 所示各参量峰值随接触面粗糙度变化曲线,随着接触面粗糙度增加,各参量峰值均呈先增加后减小的趋势变化,除滑移能峰值外,接触面摩擦角为 35°时,各参量峰值均达到最大。另外,相对各参量总值,当接触面摩擦角大于 35°时,随接触面粗糙度增加,各参量峰值变化幅度明显增大。根据各参量上述变化特征,随接触面粗糙度增加,模型瞬时失稳强度先增加后减小,其中,当接触面摩擦角接近发生单一接触面滑移破碎失稳临界摩擦角时,模型瞬时失稳强度最大。

　　综上所述,随接触面粗糙度增加,模型整体及瞬时失稳强度均先增加后减小。

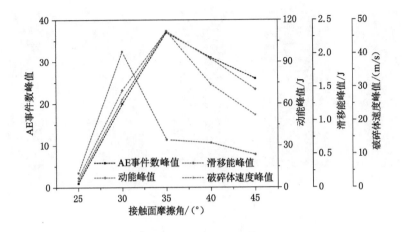

图 5-16　参量峰值随接触面粗糙度变化曲线

其中,发生滑移破碎失稳时,随接触面粗糙度增加,失稳强度逐渐增加;发生破碎失稳时,随接触面粗糙度增加,失稳强度逐渐降低。特别的,当接触面摩擦角接近发生单一接触面滑移破碎失稳临界摩擦角时,模型整体及瞬时失稳强度最大。

第三节　应力加载速度影响效应

在工作面开采过程中,随推进速度变化,工作面超前支承压力增加速度存在明显差异。为此,基于模型 S-6,改变垂直应力加载速度,分析应力加载速度对夹矸—煤组合模型失稳的影响作用,其中,共设置 5 组不同应力加载速度,见表 5-2。

表 5-2　不同模型应力加载速度设置情况

组合模型	V-1	V-2	V-3	V-4	V-5
应力加载速度/(m/s)	0.1	0.15	0.2	0.25	0.3

根据图 5-17 所示 5 组模型失稳特征,所有模型均表现为单一接触面滑移破碎失稳,这说明应力加载速度变化并不会改变模型失稳形式。随应力加载速度增加,裂隙整体发育程度逐渐增大,特别是模型边界区域,破碎程度越来越大,推测应力加载速度增加后,煤岩体内部颗粒间动态扰动作用增加,从而更容易造成局部应力集中。根据裂隙分布,随应力加载速度增加,下分层右侧破碎程度增加较明显,这说明应力加载速度增加后,块体扭转变形增加,该区域应力集中更明显。

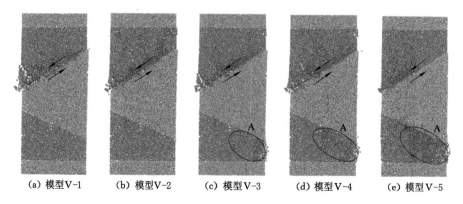

| (a) 模型V-1 | (b) 模型V-2 | (c) 模型V-3 | (d) 模型V-4 | (e) 模型V-5 |

图 5-17　不同应力加载速度组合模型失稳特征

为了对比分析应力加载速度对模型应力加载及失稳条件的影响,分别作出 5 组模型应力—应变曲线,如图 5-18 所示。

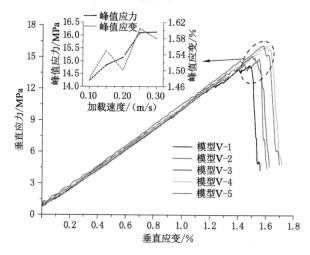

图 5-18　不同应力加载速度组合模型应力—应变曲线

根据图 5-18,随应力加载速度增加,峰值应力逐渐增加,峰值应变呈波动增加趋势,这说明应力加载速度增加后,模型整体强度也随之增加。对于单一煤岩材料,随着应力加载速度增加,其单轴抗压强度逐渐增加,这是由于应力加载速度的改变影响了峰前阶段微裂隙发育程度,从而改变了煤岩体应力加载过程中的弹性应变能和可耗散应变能,最终导致煤体强度发生变化(王晓等,2016)。类似的,基于组合模型峰值应力随应力加载速度的变化规律,应力加载速度的变化同样可以改变峰前阶段组合模型裂隙发育程度及接触面滑移程度,从而表现为峰值应力及应变的增加。

根据图 5-19 所示各参量总值随应力加载速度变化曲线,随应力加载速度增加,AE 事件总数呈逐渐增加趋势变化。对于单一煤岩材料,在单轴压缩作用下,随应力加载速度增加,其峰后 AE 事件总数明显增加,这说明应力加载速度增加后,垂直应力对煤岩材料产生的冲击作用更明显(Bieniawski,1970)。据此,分别选取加载速度为 0.1 m/s、0.2 m/s 及 0.3 m/s 的模型(模型 V-1、V-3 及 V-5),作出其应力加载过程中累计 AE 事件数变化曲线,如图 5-20 所示。

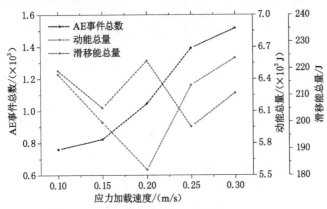

图 5-19　参量总值随应力加载速度变化曲线

根据图 5-20,3 组模型峰前 AE 事件数差异性较小,但峰后出现了明显差异,其中,应力加载速度越大,峰后 AE 事件数越大,这说明对于夹矸—煤组合模型,应力加载速度增加后,产生的冲击作用更加明显。

根据动能总量变化特征,随应力加载速度增加,动能总量先减小后增加。本章第一节得出动能总量与裂隙集中程度有关,结合裂隙发育特征,随应力加载速度增加,存在裂隙发育由上接触面向下接触面转移的趋势,从而造成裂隙发育集中程度先减小后增加,因此,整体动能先减小后增加。根据滑移能总量变化特征,随应力加载速度增加,滑移能总量无明显变化规律,其中,模型 V-2 及模型 V-4 滑移能总量明显小于其余模型,模型 V-3 滑移能总量最高。因此,为了分析滑移能的变化特征,作出上述 3 组模型滑移能变化曲线,如图 5-21 所示。

根据图 5-21,3 组模型失稳时滑移能差异比较大,其中,模型 V-3 滑移能较高,且分布最广,模型 V-4 失稳时滑移能分布区间宽度小于模型 V-3 而大于模型 V-2,但其滑移能峰值相对较低。结合 3 组模型峰值应变关系,说明应力加载速度较快时,失稳前接触面及裂隙弱面滑移消耗能量较少,而失稳时滑移消耗能量较多。同时结合模型失稳特征,模型 V-3 接触面附近裂隙扩展宽度较大,这

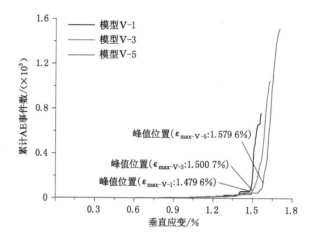

图 5-20　模型 V-1、V-3 及 V-5 AE 事件数变化曲线

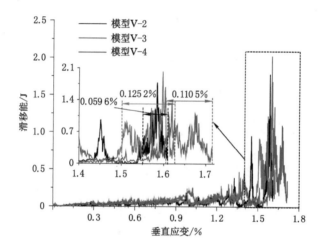

图 5-21　模型 V-2、V-3 及 V-4 滑移能变化曲线

说明破碎体发生了沿接触面的相对滑移。因此,滑移总能量变化趋势受接触面滑移影响较大。

　　根据图 5-22 所示各参量峰值随应力加载速度变化曲线,随应力加载速度增加,各参量峰值大致呈逐渐增加的趋势变化,但除动能峰值外,其余参量变化存在一定的波动性,即存在参量峰值的明显降低现象,其中,滑移能峰值与破碎体速度峰值波动趋势相似。另外,方案 V-4 模型滑移能峰值及破碎体速度峰值相对较低,推测与模型内部裂隙发育较分散有关。整体来看,随着应力加载速度的增加,模型瞬时失稳强度较高。

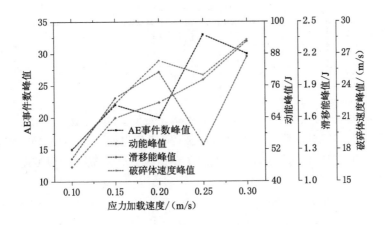

图 5-22   参量峰值随应力加载速度变化曲线

综上所述,随应力加载速度增加,模型整体失稳强度增加,垂直应力产生的冲击作用更加明显;同时,裂隙发育程度增加,瞬时失稳强度也随之增加。从整体来看,应力加载速度越高,组合模型失稳强度越大,动力现象更明显。

第四节   煤岩体强度影响效应

由于煤岩材料的多样性,不同含夹矸煤层赋存区域,煤层及夹矸岩层性质存在一定的差异,从而会对夹矸—煤组合结构失稳特征产生相应的影响。因此,为了分析煤岩体强度对组合模型失稳特征的影响作用,基于模型 S-6,改变煤岩体强度,研究不同煤岩体强度模型应力加载过程中的失稳状态及参量特征差异。

根据第四章模型参量校正情况,模型中煤岩体单轴抗压强度分别为 20.15 MPa 及 42.07 MPa。通过改变模型颗粒接触参数,分别设置 3 种不同单轴抗压强度煤岩体,其中,不同强度煤体分别命名为 C_1、C_2 及 C_3,岩体分别命名为 R_1、R_2 及 R_3,见表 5-3。根据煤岩体的单轴抗压强度设置情况,模型共存在 9 种不同组合形式,即可以组成 9 种不同强度的组合模型,模型煤岩体强度设置情况见表 5-4。

表 5-3   煤岩体单轴抗压强度设置情况

煤/岩体	C_1	C_2	C_3	R_1	R_2	R_3
单轴抗压强度/MPa	16.29	20.15	24.10	19.81	42.07	64.10

表 5-4 不同模型煤岩体强度设置情况

组合模型	CR-1	CR-2	CR-3	CR-4	CR-5	CR-6	CR-7	CR-8	CR-9
煤体	C_1	C_1	C_1	C_2	C_2	C_2	C_3	C_3	C_3
岩体	R_1	R_2	R_3	R_1	R_2	R_3	R_1	R_2	R_3

通过应力加载过程中模型变形及失稳状态观测,9 组模型失稳类型相同,仅上接触面发生了相对滑移并出现煤岩体破碎,但各组模型裂隙发育程度存在明显差异。为了对比不同强度模型裂隙发育情况,分别选取模型 CR-2、CR-4、CR-5、CR-6 及 CR-8 进行对比分析。

根据煤岩体强度设置情况,模型 RC-2、RC-5 及 RC-8 夹矸岩体强度相同,煤体强度逐渐增加。根据图 5-23,随着煤体强度增加,上分层接触面附近裂隙发育程度先增大后减小,而下分层右侧裂隙发育程度先减小后增大,这是由于煤体强度变化改变了接触面滑移与下分层破碎顺序。煤体强度较低时,在接触面剪切作用下,上接触面附近及下分层右侧煤体最先出现裂隙发育,其中,下分层右侧裂隙发育程度较高。煤体强度增加后,上接触面最先发生滑移并出现裂隙发育,最终在滑移扭转作用下,上下分层右侧明显破碎。其中,当煤体强度较高时,上接触面滑移程度增大,最终在滑移扭转作用下,煤岩体裂隙明显扩展且下分层右侧严重破碎。特别的,在裂隙扩展后上分层对岩体和下分层的不均匀挤压作用下,两者出现由上及下的贯穿裂隙。

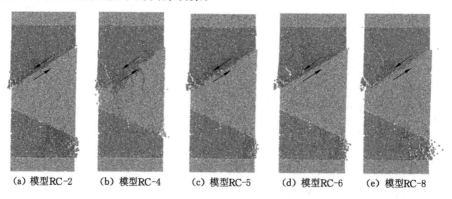

(a) 模型RC-2　　(b) 模型RC-4　　(c) 模型RC-5　　(d) 模型RC-6　　(e) 模型RC-8

图 5-23 不同煤岩体强度组合模型失稳特征

根据煤岩体强度设置情况,模型 RC-4、RC-5 及 RC-6 煤体强度相同,夹矸岩体强度逐渐增加。随着岩体强度增加,岩体裂隙数量逐渐减少,上分层裂隙逐渐增多,下分层右侧裂隙区域逐渐集中,这与岩体裂隙发育对整体应变能释放作用减小有关。当岩体强度较小(其中,模型 RC-4 岩体强度小于煤体强度)时,在接触面剪切作用下,岩体容易出现裂隙发育而释放应变能情况。岩体强度增加后,随着上接触面滑移,岩体裂隙数量减少,上分层裂隙数量增多;同时,在扭转作用下,下分层右侧破碎明显。其中,当岩体强度较大(RC-6 岩体强度明显大于煤体)时,随着上接触面滑移,岩体基本无裂隙发育,应变能释放缓慢。因此,随接触面滑移扭转变形量增加,下分层应力集中程度也随之增加,从而导致其破碎程度增大。

　　为了对比分析煤岩体强度对模型应力加载及失稳条件的影响,作出不同煤岩体强度组合模型应力—应变曲线,如图 5-24 所示。

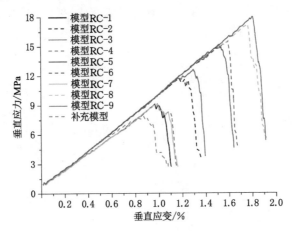

图 5-24　不同煤岩体强度组合模型应力—应变曲线

　　根据图 5-24,模型 RC-1、RC-4 及 RC-7 应力加载速度一致,且明显小于其余模型,同时,其余模型应力加载速度一致。根据煤岩体强度设置情况,上述 3 组模型岩体均为强度较低的 R1,该现象说明当岩体强度较低时,应力加载速度主要与岩体强度有关。为了分析煤体强度对应力加载速度是否存在影响,设置一组补充模型,其岩体强度与 RC-2 一致,但煤体强度为 12.39 MPa,明显小于RC-2。根据图 5-24 所示补充模型应力—应变曲线,其应力加载速度要明显小于模型 RC-2,这说明煤体强度较低时同样会影响模型应力加载速度。但根据其余模型应力—应变曲线,该煤体强度条件(单轴抗压强度不小于 16.29 MPa)下煤体强度对应力加载速度影响不大。根据上述分析推断,同等强度条件下,岩体更容易出现裂隙发育而释放能量,这与其上下边界均受剪切作用有关。同时,根据其余模型应力加载曲线,在该煤体强度条件下,当岩体强度较高时,应力加载速度的主要影响因素为上接触面的相对滑移。根据峰值应力特征,岩体强度较小时,煤体强度变化对峰值应力及应变影响作用较小;而岩体强度较大时,煤体强度越大,滑移过程中越难发生破碎失稳。另外,较高的岩体强度对峰值应力及应变存在一定的影响作用,且峰值应力及应变随岩体强度增加而增大。

根据图 5-25 所示各参量总值随煤岩体强度变化曲线,煤体强度相同时,随岩体强度增加,除模型 RC-6 动能总量较高外,AE 事件总数、动能总量及滑移能总量均呈先增加后减小的趋势变化。该变化特征说明,岩体强度较低时,峰值应力较小,应变能积累量较少,因此,各参量总值均比较小。岩体强度增加后,峰值应力较大,煤体破碎及上接触面滑移程度增大,同时,在扭转作用下岩体出现了裂隙发育现象,因此,各参量总值均明显增加。岩体强度较高时,岩体很难出现裂隙发育现象,仅在煤体中出现明显裂隙,且扭转变形程度减小,因此,各参量总值降低。

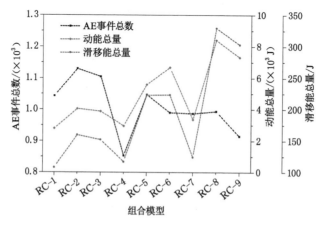

图 5-25　参量总值随煤岩体强度变化曲线

岩体强度相同时,除模型 RC-4 AE 事件总数较少外,随煤体强度增加,AE 事件总数逐渐减少,而动能总量及滑移能总量逐渐增加。该变化特征说明,随煤体强度增加,煤体中裂隙发育难度增加,从而导致上接触面滑移程度逐渐增大,更容易造成局部应力集中及局部裂隙发育,因此,裂隙数量逐渐减少,动能总量及滑移能总量逐渐增加。

根据图 5-26 所示各参量峰值随煤岩体强度变化曲线,相对各参量总值变化特征,各参量峰值变化较复杂。煤体强度相同时,除模型 RC-2 外,AE 事件数峰值呈逐渐增加的趋势变化;除模型 RC-5 外,动能峰值呈逐渐增加的趋势变化;除模型 RC-1 至 RC-3 外,滑移能峰值及破碎体速度峰值呈先增加后减小的趋势变化。根据上述现象,随岩体强度增加,AE 事件数峰值及动能峰值大致呈逐渐增加的趋势变化,推测与峰值应力水平有关。另外,随岩体强度增加,滑移能及破碎体速度峰值大致呈先增加后减小的趋势变化,推测与上接触面滑移及块体扭转变形程度有关。

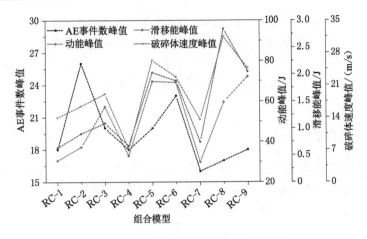

图 5-26　参量峰值随煤岩体强度变化曲线

通过上述分析得出,同一煤体各参量变化趋势存在差异。因此,为了分析各参量峰值随煤体强度变化趋势,取 3 种不同煤体强度组合模型的平均参量峰值进行对比分析,结果如图 5-27 所示。

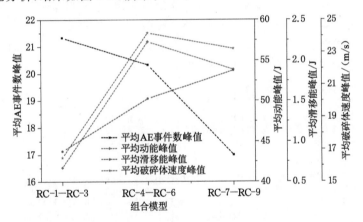

图 5-27　不同煤体强度模型平均参量峰值变化曲线

根据图 5-27,随煤体强度增加,平均 AE 事件数峰值逐渐降低,平均动能峰值及破碎体速度峰值先增加后减小,平均滑移能峰值逐渐增加。这一变化特征说明,随煤体强度增加,上接触面滑移造成的裂隙数量较少,扭转变形积累的应变能不易释放,接触面滑移程度增加。但当煤体强度较高时,模型最终失稳时的动能释放量及破碎体抛出速度峰值有所降低。

综上,随着煤岩体强度增加,模型整体失稳强度及瞬时失稳强度呈现逐渐增加或先增加后减小的趋势,其中,煤体强度最高且岩体强度也较大时,上接触面滑移造成的扭转变形量最大,模型失稳强度最大,动力现象也更明显。

第五节　动载参数影响效应

一、初始静载应力水平

为了分析初始静载应力水平对模型动静载失稳特征的影响作用,基于模型D-12,分别设置不同静载应力水平进行动静载模拟,见表5-5,其中,初始静载应力水平按照其所占静载模拟时应力峰值的比例进行设置。

表 5-5　不同模拟方案初始静载应力水平设置情况

模拟方案	D-12-1	D-12-2	D-12-3	D-12-4	D-12-5
初始静载应力水平/%	70	75	80	85	90

对表 5-5 中 5 种模拟方案进行动静载叠加模拟,模型均发生了双接触面滑移破碎失稳。以垂直应力的一个完整波动周期(为了便于统计,以最低点为上周期终点及本周期起始点)为阶段,统计每个阶段内的应力峰值,作出动载过程中不同方案峰值应力变化曲线,如图 5-28 所示。

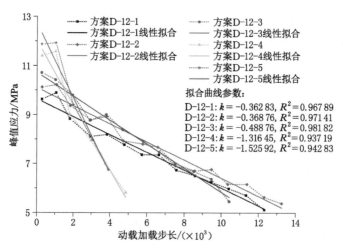

图 5-28　不同初始静载应力水平模拟方案峰值应力变化曲线

根据图 5-28,各方案模型周期性峰值应力均呈明显线性降低趋势变化,且随初始静载应力水平的增加,峰值应力降低速度逐渐增加。峰值应力的这一变化趋势说明,初始静载应力水平越高,动载过程中模型失稳(滑移/破裂)强度越大。另外,根据拟合曲线的线性相关性,初始静载应力水平较低(小于静载模拟峰值应力80%)时失稳(滑移/破碎)过程相对较稳定。特别的,在相同动载频率条件下,存在部分周期性峰值点各方案动载加载步长小范围离散现象,推断与峰值点附近模型发生滑移/微破裂有关。同时,根据动载初期(前两个动载周期)各方案模型周期性峰值应力均比较高的现象,推断动载初期各方案模型未出现明显滑移。

为了分析不同方案模型滑移及裂隙发育特征,统计垂直应力一个完整波动周期内(波动周期起始点及终点与图 5-28 统计方法一致)滑移能及 AE 事件数占动载阶段总滑移能和 AE 事件总数的百分比,作出每个波动周期内滑移能及 AE 事件数所占百分比随动载周期序列的变化曲线,如图 5-29 所示。

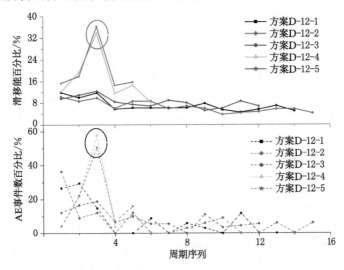

图 5-29　不同初始静载应力水平模拟方案滑移能及 AE 事件数所占百分比变化曲线

根据图 5-29,相对各方案模型周期内 AE 事件数,滑移能所占百分比变化相对较稳定,这说明动载过程各方案模型滑移强度变化较稳定,但裂隙发育强度存在波动性。同一模拟方案模型滑移能及 AE 事件数变化趋势基本一致,其中,方案 D-12-1—D-12-3 滑移能及 AE 事件数所占百分比逐渐减小,方案 D-12-4 及 D-12-5 滑移能及 AE 事件数所占百分比均出现了一次明显高值。根据滑移能及 AE 事件数的变化特征,推测初始应力水平越高,应力卸载时块体扭转变形释放越明显。同时,在初始静载应力水平较高(静载模拟峰值应力的 85% 及 90%)时,动载作用更容易造成宏观裂隙扩展,并产生较大幅度滑移。

为了分析初始静载应力水平对模型整体失稳强度的影响,统计并作出动载过程中各参量总值(动载加载步长、AE 事件总数、应变能释放量、动能总量及滑移能总量)随初始静载应力水平的变化曲线,如图 5-30 所示。

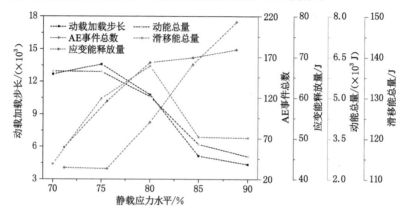

图 5-30　参量总值随静载应力水平变化曲线

根据图 5-30,随初始静载应力水平增加,动载加载步长及动能总量大致呈逐渐降低的趋势变化,AE 事件总数及应变能释放量大致呈逐渐增加的趋势变化;另外,初始静载应力水平较低时,滑移能总量逐渐增加,但当静载应力水平增加至高值(静载模拟峰值应力的 85% 及 90%)时迅速降至低值。通过各参量总值的上述变化特征得出,随初始静载应力水平增加,动载加载至失稳状态所需加载步长逐渐减小,即模型更容易发生失稳,同时,整体动能释放量减小。随着初始静载应力水平的增加,整体应变能积累量增加,因此,加载至失稳阶段应变能释放量较高,同时,静载应力水平越高,裂隙发育水平也越高。另外,滑移能变化特征说明,静载应力水平较低(静载模拟峰值应力的 70%~80%)时,随初始静载应力增大,接触面或裂隙弱面滑移程度逐渐增加。初始静载应力增加至一定水平(静载模拟峰值应力的 85%)后,高静载应力更容易促进裂隙发育,这与模型在高静载应力时容易发生裂隙的宏观扩展有关。

为了分析初始静载应力水平对模型瞬时失稳强度的影响,以 10 个加载步长为周期,统计并作出各参量峰值(AE 事件数峰值、应变能释放量峰值、动能峰值、滑移能峰值及破碎体速度峰值)随初始静载应力水平的变化曲线,如图 5-31 所示。

根据图 5-31,随静载应力水平增加,AE 事件峰值、应变能释放量峰值以及滑移能峰值大致呈逐渐增加的趋势变化,动能峰值及破碎体速度峰值先减小后增加,且在较高静载应力水平时,各参量峰值均比较高。根据各参量峰值的变化

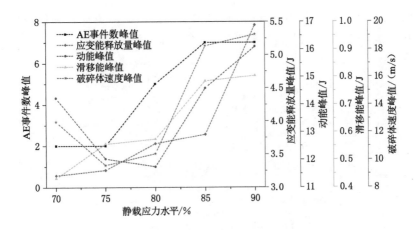

图 5-31　参量峰值随静载应力水平变化曲线

特征，初始静载应力水平越高，裂隙瞬时扩展速度、应变能瞬时释放量及滑移能瞬时消耗量越大。初始静载应力水平较低（静载模拟峰值应力的 70%～80%）时，模型瞬时动能释放量及破碎体最大抛出速度明显降低，结合对模型整体失稳特征的分析，该静载应力水平模型接触面滑移程度较高，推测与接触面滑移导致模型裂隙发育较分散有关。

综上，动载前初始静载应力水平越高，模型整体失稳强度越大。高静载应力条件下，模型更容易出现裂隙的宏观扩展，且动力现象较明显。

二、动载频率

为了分析动载频率对模型失稳特征的影响作用，基于模型 D-12，分别设置了不同动载频率的动静载叠加模拟方案，见表 5-6。

表 5-6　不同模拟方案动载频率设置情况

模拟方案	D-12-6	D-12-3	D-12-7	D-12-8	D-12-9
动载频率/Hz	1.0×10^3	5.0×10^3	1.0×10^4	5.0×10^4	1.0×10^5

对表 5-6 中 5 种模拟方案进行动静载叠加模拟，方案 D-12-6 中模型发生破碎失稳，但未出现滑移，其余 4 组模型均发生了双接触面滑移破碎失稳，因此，仅对发生双接触面滑移破碎失稳的 4 组模型进行对比分析。以垂直应力的一个完整波动周期为阶段，统计每一阶段内的峰值应力，作出动载过程中不同方案峰值应力变化曲线，如图 5-32 所示。

根据图 5-32，各方案应力峰值变化趋势与图 5-28 类似，即模型峰值应力逐渐降低。另外,当动载频率较低(方案 D-12-3)时,模型峰值应力降低速度明显高于其余方案,这说明动载频率较低时,组合模型失稳强度较大。

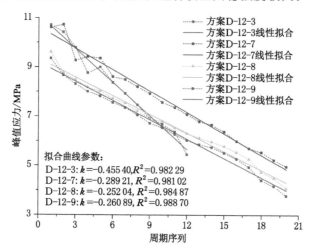

图 5-32　不同动载频率模拟方案峰值应力变化曲线

统计垂直应力一个完整波动周期内滑移能及 AE 事件数占动载阶段总滑移能和 AE 事件总数的百分比,作出每个波动周期内滑移能及 AE 事件数所占百分比随动载周期序列的变化曲线,如图 5-33 所示。

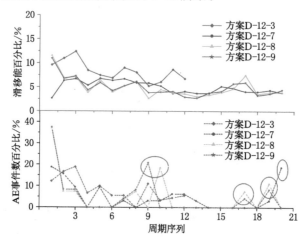

图 5-33　不同动载频率模拟方案滑移能及 AE 事件数所占百分比变化曲线

根据图 5-33,AE 事件数所占百分比的波动性明显高于滑移能,同样说明了动载作用下模型滑移强度要比裂隙发育程度稳定。与图 5-29 不同,图 5-33 中各方案模型周期内滑移能与 AE 事件数变化特征存在明显差异,特别的,动载频率较高时,动载中期及后期更容易出现 AE 事件数所占百分比的异常高值,推测动载频率较高时,接触面滑移作用更容易造成模型裂隙的突然扩展。从整体上看,滑移能及 AE 事件数所占百分比均呈逐渐降低的趋势变化,这与模型整体所受应力水平逐渐降低有关。

　　根据图 5-34 所示动载过程中各参量总值随动载频率变化曲线,随动载频率增加,动载加载步长及应变能释放量大致呈上升趋势变化,AE 事件总数及动能总量逐渐降低,其中,动载频率较低时,各参量总值变化幅度较大。另外,随动载频率增加,滑移能总量波动明显,无明显规律。根据各参量总值随动载频率的变化特征得出,随动载频率增加,模型失稳难度增加,裂隙发育水平降低,同时动能释放量逐渐减少,但由于加载时间较长,整体应变能释放量有所增加。

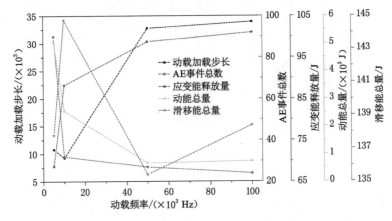

图 5-34　参量总值随动载频率变化曲线

　　根据图 5-35 所示动载过程中各参量峰值随动载频率变化曲线,随动载频率增加,各参量峰值变化趋势大致相同,其中,AE 事件数峰值、应变能释放量峰值及动能峰值变化趋势较为明显,均随动载频率增加逐渐减小。随动载频率增加,滑移能峰值及破碎体速度峰值先增加后减小,但增加量较小,且动载频率较低时的滑移能及破碎体速度峰值明显大于动载频率较高时的滑移能及破碎体速度峰值。特别的,当动载频率较小(小于 5.0×10^4 Hz)时,随动载频率增加,各参量峰值变化比较明显。根据各参量峰值变化特征,动载频率越低,裂隙瞬时扩展速度、应变能瞬时释放量、动能瞬时释放量、滑移能瞬时消耗量及破碎体最大抛出速度越大,即模型瞬时失稳强度越大。综上,动载频率越低,模型整体失稳强度越大,且动力现象越明显。

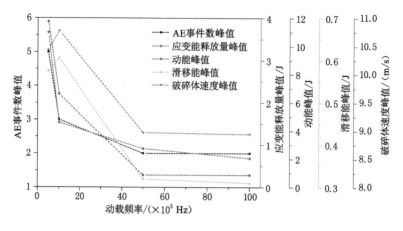

图 5-35　参量峰值随动载频率变化曲线

三、动载幅值

为了分析动载幅值对模型失稳特征的影响作用,基于模型 D-12,分别设置了不同动载幅值的动静载叠加模拟方案,见表 5-7。

表 5-7　不同模拟方案动载幅值设置情况

模拟方案	D-12-10	D-12-11	D-12-12	D-12-3	D-12-13
动载幅值/(m/s)	0.5	0.75	1.0	1.25	1.5

对表 5-7 中 5 种模拟方案进行动静载叠加模拟,模型均发生了双接触面滑移破碎失稳。以垂直应力的一个完整波动周期为阶段,统计动载过程中每一阶段内的峰值应力,作出动载过程中不同方案峰值应力的变化曲线,如图5-36所示。

与图 5-28 中峰值应力变化趋势类似,图 5-36 中峰值应力均呈明显线性降低趋势变化,且随动载幅值增加,峰值应力降低速度逐渐增加,这说明动载幅值越大,模型失稳强度越大。同样的,存在部分峰值点各方案动载加载步长小范围离散现象,说明在这些峰值点附近模型发生了滑移或微破裂。

统计垂直应力一个完整波动周期内滑移能及 AE 事件数占动载阶段总滑移能和 AE 事件总数的百分比,作出每个波动周期内滑移能及 AE 事件数所占百分比随动载周期序列的变化曲线,如图 5-37 所示。

与图 5-29 及图 5-33 类似,图 5-37 中 AE 事件数所占百分比的波动性明显高于滑移能,即模型滑移强度要比裂隙发育程度稳定。随动载幅值增加,滑移能所占百分比波动性有所增加,这说明动载幅值越小,接触面或弱结构面相对滑移越稳定。同时,随动载幅值增加,滑移减弱趋势越明显,这说明随动载幅值增加,

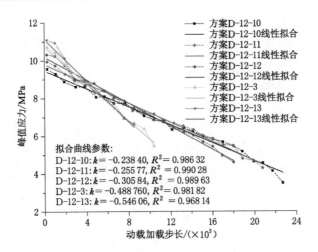

图 5-36　不同动载幅值模拟方案峰值应力变化曲线

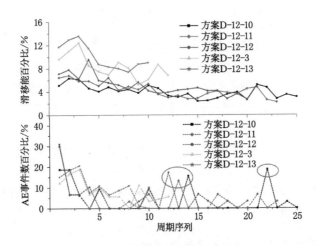

图 5-37　不同动载幅值模拟方案滑移能及 AE 事件数所占百分比变化曲线

接触面滑移越容易集中在动载前期。另外,当动载幅值较小时,动载中期及后期更容易出现 AE 事件数百分比的异常高值,推测当动载幅值较小时,接触面滑移会促进裂隙突然扩展。

　　根据图 5-38 所示动载过程中各参量总值随动载幅值变化曲线,随动载幅值增加,动载加载步长及应变能释放量呈线性减小趋势变化,除动载幅值为 1.0 m/s 时部分参量异常外,动能总量逐渐增长,滑移能总量逐渐降低,AE 事件总数出现明显两极分化。根据各参量总值随动载幅值的上述变化特征得出,随着动载幅值增加,模型越容易发生失稳,动能释放量增加,消耗的滑移能有所降低,但由于加载时间较短,因此,整体应变能释放量逐渐降低。另外,动载幅值较低时,模型内部裂隙发育水平较低;动载幅值较高时,裂隙发育水平较高。

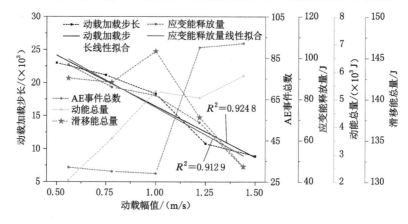

图 5-38　参量总值随动载幅值变化曲线

根据图 5-39 所示动载过程中各参量峰值随动载幅值的变化曲线,随动载幅值增加,除 AE 事件数峰值外,其余参量峰值均呈逐渐增加趋势变化,其中,模型应变能释放量峰值及动能峰值随动载幅值增加呈线性增加趋势变化。特别的,AE 事件数峰值随动载幅值增加的变化规律不明显,但动载幅值较大时,AE 事件数峰值要明显大于动载幅值较小时的 AE 事件数峰值。根据各参量峰值变化特征,动载幅值越大,模型应变能瞬时释放量、动能瞬时释放量、滑移能瞬时消耗量及破碎体最大抛出速度越大,同时,较高动载幅值时裂隙瞬时扩展速度明显高于较低幅值时的裂隙瞬时扩展速度。因此,动载幅值越高,模型整体失稳强度越大,且动力现象越明显。

四、特定频率段垂直应力波动异常现象

根据模拟结果,动载频率为 1.0×10^4 Hz 时,各参数均出现了明显异常。针对较高的应力波动值及较稳定的滑移特征,分别对方案 D-12-3、D-12-7、D-12-8 中模型块体位移、加载墙体位移及垂直应力进行简单对比分析,结果如图 5-40 所示。

根据图 5-40,动载初期,方案 D-12-3 上接触面滑移一般出现在应力加载阶段,而下接触面滑移出现在应力卸载阶段。方案 D-12-8 上接触面持续正向滑移造成位移增加,下接触面在应力加载阶段发生反向滑移。方案 D-12-7 上下接触面滑移同步性较高,容易造成夹矸块体整体滑移。因此,方案 D-12-7 参量异常与上下接触面滑移的同步性有关。根据上述参量变化特征推断,存在某一动载频率段,可造成两接触面发生同步黏滑,从而导致模型整体黏滑失稳。

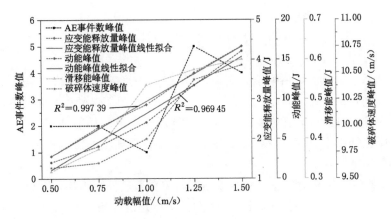

图 5-39　参量峰值随动载幅值变化曲线

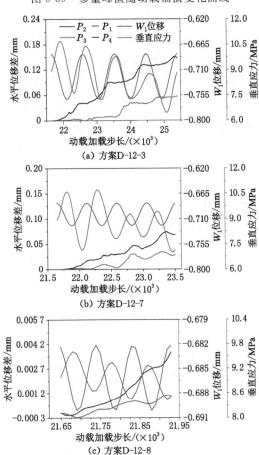

图 5-40　不同动载频率模拟方案位移及应力变化曲线

第六节 本 章 小 结

本章基于颗粒流数值模拟方法,对不同影响因素下夹矸—煤组合模型破坏失稳特征进行了对比分析,其中,主要分析了静载作用下煤矸接触面倾角及粗糙度、应力加载速度、煤岩体强度以及动静载叠加作用下初始静载应力水平、动载频率及幅值等因素对模型破坏失稳强度及动力失稳现象的影响作用,所得主要结论如下:

(1)接触面倾角对模型失稳强度的影响主要通过模型失稳形式体现,其中,当接触面倾角满足单一接触面滑移,特别是不稳定滑移条件时,模型失稳所需应力峰值不高,但整体失稳强度更大,动力现象更明显。

(2)发生破碎失稳时,模型失稳强度随接触面粗糙度增加逐渐降低;发生滑移破碎失稳时,模型失稳强度随接触面粗糙度增加逐渐增加。当接触面粗糙度接近滑移失稳临界条件时,模型失稳强度最大。

(3)应力加载速度越高,产生的冲击作用越明显,失稳强度越大,同时,裂隙发育程度越高,且动力现象更明显。

(4)随着煤岩体强度增加,模型失稳强度表现为逐渐增加或先增加后减小的趋势。特别的,当煤岩体强度均较高时,上接触面滑移造成的扭转变形量较大,模型失稳强度更大,动力现象更明显。

(5)动静载叠加作用下,动载前初始静载应力水平越高,动载频率越低以及动载幅值越高,模型整体失稳强度越大,同时,动力现象越明显。另外,存在某一动载频率段可造成上下煤矸接触面发生同步黏滑。

第六章　夹矸—煤组合结构宏观失稳特征数值分析

第一节　数值模型

一、模拟原理

基于赵楼煤矿 3# 煤层、顶板、底板及夹矸岩体物理力学参数,采用 UDEC 三角法建立了含夹矸煤层数值模型,如图 6-1 所示,其中,夹矸岩体的赋存形状与现场实际赋存特征类似,呈不规则楔形。煤岩体及夹矸岩体模拟采用弹性可变三角形单元组合(块),其中,顶板和底板采用粗块单元,煤与夹矸岩体采用细块单元。三角形单元通过接触结合,煤与夹矸岩体的破坏通过煤矸接触面的剪切或拉伸破坏来描述。接触符合库仑滑移模型,且具有残余强度。

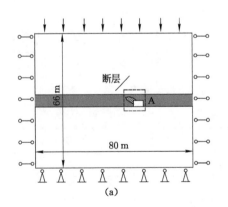

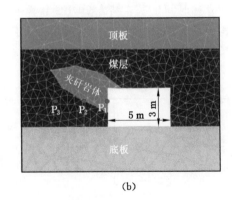

(a)　　　　　　　　　　　　　(b)

图 6-1　夹矸—煤组合结构 UDEC 数值模型

在法向接触方向:

$$\Delta\sigma_n = -k_n\Delta u_n \tag{6-1}$$

式中,$\Delta\sigma_n$ 为法向有效应力增量;k_n 为法向刚度;Δu_n 为法向位移增量。当法向有效应力大于接触抗拉强度时,接触将发生拉伸破坏,且 $\sigma_n = 0$。在接触面的切线方向上,剪应力大小 τ_s 取决于黏聚力 C 与内摩擦角 φ。

$$|\tau_s| \leqslant C + \sigma_n \tan \varphi = \tau_{\max} \tag{6-2}$$

$$\Delta \tau_s = -k_s \Delta u_s^e \tag{6-3}$$

$$|\tau_s| \geqslant \tau_{\max} \tag{6-4}$$

$$|\tau_s| = \text{sign}(\Delta u_s^e) \tau_{\max} \tag{6-5}$$

式中,k_s 为切向刚度;u_s 为切向位移;$\tau_{\max}$ 为接触面剪切强度。

因此,决定顶板、底板及夹矸—煤组合结构微观机理性能的参量包括弹性模量 E 和泊松比 ν 以及 k_n、k_s、τ、C、φ。

二、模型参数

所建模型尺寸为 80 m×60 m,巷道尺寸为 5 m×3 m,巷道距模型左右边界的距离分别为 50 m 和 25 m,顶底板厚度分别为 30 m,煤层厚度为 6 m。设定模型初始载荷为零,最大支撑力为 6 MPa,其强度服从压力—应变特性曲线。巷道左上角设置有一条断层,设定模型左下角为原点,则断层起止点坐标分别为 $(48-5\sqrt{2} \text{ m},38 \text{ m})$,$(48 \text{ m},38+5\sqrt{2} \text{ m})$。模型左右及底部边界固定,边界上节点只能垂直移动。设定模型上边界初始垂直应力为 18 MPa(初始静载),利用巷道区域逐渐卸载来检测和控制模型应力变化。模型中的巷道开挖引起的应力重新分布,诱发的断层滑移形成了动载荷加载,其中,巷道开挖与诱发断层滑动之间存在时间延迟。结合 UDEC 软件的 Solve-Zonk 功能,模拟了夹矸—煤组合结构破坏失稳全过程。其中,通过一系列单轴压缩试验校准后的 UDEC 三角模型顶板、煤、夹矸及底板力学参数见表 6-1,模型节点参数见表 6-2。

表 6-1 顶板、煤、夹矸及底板力学参数

岩层	块 体 参 数		
	密度/(kg/m³)	K/GPa	G/GPa
顶板	2 600	6.7	4
煤	1 400	5	3
夹矸	2 600	3.33	2
底板	2 600	10	6

表 6-2　模型节点参数

岩层	$k_n/(\text{GPa/m})$	$k_s/(\text{GPa/m})$	C/MPa	$\varphi/(°)$	σ_t/MPa
顶板	48	8.4	9	40	2.8
煤	14.4	2.9	8	35	2.5
夹矸	24	4.8	7	36	2.2
底板	72	14.4	20	42	6.0
接触	24	4.8	0.5	32	0.5
边界	24	4.8	0	30	0
断层	48	8.4	0	0	1.0

第二节　结 果 分 析

一、含夹矸煤体冲击失稳

模拟得出了断层滑移作用下煤矸接触面滑移导致的巷道冲击过程,如图 6-2 所示。其中,整个冲击过程持续时间为 280 ms,同时,能够明显得出该巷道冲击地压是由动载应力作用下煤矸接触面不稳定滑移诱发的。当动态破坏时间(ET)为 20 ms 时,夹矸岩体开始产生微裂隙,同时裂隙位置出现了小变形。当 ET=40 ms 时,夹矸岩体微裂隙开始延伸、汇聚、连接和贯通,并逐渐形成宏观裂隙。同时,夹矸岩体出现明显破坏,并出现了明显不稳定滑移。当 ET=80 ms 时,夹矸破碎体整体向巷道内滑动,并伴有明显的破碎现象。特别的,部分破碎体弹射到巷道中心,同时,煤矸接触面滑移还引起了煤壁的剥落。当 ET=120 ms 时,伴随着煤矸接触面的进一步滑移,巷道左帮破碎煤壁也出现了向巷道喷出现象。当 ET=160 ms 时,破碎体滑移及喷出现象进一步加剧,巷道变形破坏主要发生在巷道左侧夹矸附近区域。当 ET=240 ms 时,巷道破坏明显发生在顶板位置,表现为顶板破碎煤块冒落。同时,巷道左帮破坏程度及范围进一步扩大,夹矸及巷道内侧微裂隙进一步增多。当 ET=280 ms 时,大量破碎体碎片剧烈喷出,巷道左帮突然破坏失稳,顶板破坏进一步加剧。同时,煤岩结构微裂隙扩展、汇聚、贯通,并进一步切割块体。上述过程充分证明了夹矸—煤组合结构煤矸接触面滑移和断裂可能诱发冲击地压。

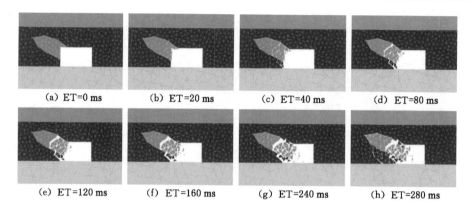

(a) ET=0 ms   (b) ET=20 ms   (c) ET=40 ms   (d) ET=80 ms

(e) ET=120 ms   (f) ET=160 ms   (g) ET=240 ms   (h) ET=280 ms

图 6-2　煤岩体滑移断裂诱发的巷道冲击过程

二、最大主应力演化与裂纹扩展情况

模拟过程中监测并分析了巷道周围最大主应力 σ_1 的变化情况,如图 6-3 所示,从而揭示了煤岩体滑移和断裂过程中巷道周边的应力演化过程。夹矸—煤组合结构破坏及接触面滑移前,巷道周围最大主应力 σ_1 明显集中在巷道四个拐角位置。当 ET=20 ms 时,应力集中沿滑移方向转向两个对角,在顶板破裂位置应力急剧减小。当 ET=40 ms 时,应力明显集中在滑移及破裂的两个对角处,夹矸岩体周围应力进一步减小,同时,顶底板低应力区范围进一步扩大[图 6-3(b)]。当 ET=80 ms 时,巷道左帮低应力区范围进一步扩大,应力集中明显向两对角区域转移,夹矸岩体位置出现局部应力集中[图 6-3(c)]。当 ET=240 ms 时,左帮周围出现明显的低应力区,应力集中主要分布在夹矸区域及巷道右下角区域。同时,顶底板低应力区范围明显扩大[图 6-3(d)]。冲击失稳发生时,破碎后的残余块体中应力最低,相对巷道底板,滑移及破断对顶板位置应力演化影响较大。综上所述,巷道周围应力场随着夹矸—煤组合结构破裂及煤矸接触面滑移而演化及转移,高应力明显集中在沿滑移方向的两个对角位置。

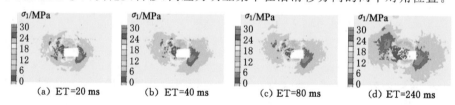

(a) ET=20 ms   (b) ET=40 ms   (c) ET=80 ms   (d) ET=240 ms

图 6-3　夹矸滑移破裂过程中巷道周围最大主应力 σ_1 的演化情况

模拟过程中监测并分析了含夹矸区域剪切及拉伸裂隙的演化情况,如图 6-4

所示。在 0～40 ms 阶段内,剪切裂隙数量要明显多于拉伸裂隙的数量,且两者都急剧上升,这表明该阶段夹矸区域开始出现大量的微裂隙。在 40～180 ms 阶段内,剪切裂隙数量仍多于滑移及破裂产生的拉伸裂隙数量,但前者略有减少,后者略有增加,从而造成两者之间的差距逐渐缩小,这表明该阶段处于相对稳定状态。在 180～230 ms 阶段内,剪切裂隙数量略有增加,而拉伸裂隙数量急剧增加,这说明该阶段夹矸岩体中形成了大量拉伸裂隙。在 230～280 ms 阶段内,剪切裂隙数量逐渐减少,拉伸裂隙数量再次急剧上升并保持稳定。最终,拉伸裂隙数量明显超过剪切裂隙数量,这表明拉伸裂隙的扩展、增加及贯通最终导致了含夹矸区域煤岩结构失稳。此外,剪切破坏保持稳定,主要表现为接触面的滑移。

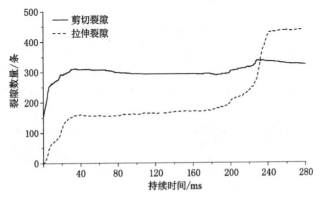

图 6-4 含夹矸区域剪切及拉伸裂隙演化情况

三、接触面周围应力和位移的变化

为了进一步揭示煤矸接触面滑移及破断过程,模型中共设置了 3 个监测点,对煤矸接触面附近的应力及位移进行记录和分析,如图 6-1 所示。模拟得出含夹矸区域滑移破断过程中三个监测点的垂直及水平应力,如图 6-5 所示,相应的三个测点垂直及水平速度峰值(PPV)如图 6-6 所示。

根据图 6-5(a),P_1 位置垂直应力在接触面滑移初始阶段突然从 18.6 MPa 下降至约为零,之后随振幅的逐渐增大而波动,并在 ET=64 ms 时刻附近,振幅达到最大值。在 64～280 ms 阶段内,该位置垂直应力随夹矸岩体滑移断裂剧烈波动。在动载应力的叠加作用下,P_2 位置垂直应力先由 24.4 MPa 上升到 35 MPa,然后随着夹矸岩体破断突然下降至 25 MPa。在接触面滑移之前(ET=173 ms 时刻附近),垂直应力先保持稳定,随后迅速减小。在 ET=230 ms 时刻后,垂直应力略有波动。在 ET=201 ms 时刻之前,煤体中 P_3 位置垂直应力保持稳定,其应力值约为 21 MPa,之后随着该位置附近的煤矸接触面

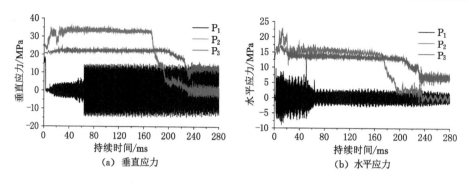

图 6-5　监测点应力变化曲线

滑移及煤岩体破碎而逐渐减小,并逐渐稳定在约 12 MPa。

根据 6-5(b),P_1 位置水平应力先以 10 MPa 的幅度在零上下波动,然后逐渐减小。P_2 及 P_3 位置水平应力变化与垂直应力变化基本相似。接触面附近煤及夹矸岩体应力随着煤矸接触面滑移及煤岩体破断重新分布并剧烈波动。

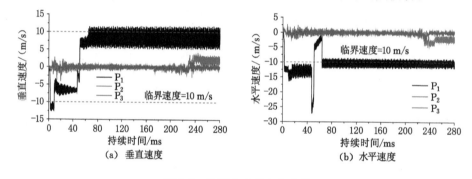

图 6-6　监测点速度变化曲线

根据图 6-6(a),随着煤矸接触面滑移及煤岩体破断,P_1 位置垂直速度从零突然上升到 12.5 m/s,然后在 6.5 m/s 左右开始下降,并出现波动。在 ET = 47 ms 时刻附近,垂直速度突然由负向正变化,并逐渐增大至 8 m/s,然后在 7～12 m/s 范围内剧烈波动。在煤矸接触面滑移初期及后期滑移阶段内,P_1 位置垂直速度超过了 10 m/s。煤矸接触面初始滑移阶段 P_2 位置垂直速度急剧波动,之后以小幅度波动逐渐稳定下来。在 ET = 230 ms 时刻后,随着 P_2 位置附近煤矸接触面滑移,垂直速度逐渐增加,并在 2～3 m/s 范围内略有波动。总之,垂直速度的这一变化规律与 P_2 位置垂直应力变化规律相似。由于 P_3 位置在煤体内且距离煤矸接触面较远,受接触面滑移及煤岩体破断影响较小,该位置垂直速度在零附近略有波动,其变化特征与 P_2 位置相似。

根据图 6-6(b),在煤矸接触面滑移初始阶段内,P_1 位置水平速度突然从零上升至 12.5 m/s,之后在 10.5~15 m/s 范围内波动。当 ET=47 ms 时,该位置水平速度突然增加至 27 m/s。伴随着破碎体抛出,P_1 位置水平速度随着振幅先减小后增大而剧烈波动。最终,水平速度保持在 10 m/s 附近,并略微波动。P_1 位置水平速度的演变规律与 P_2 和 P_3 位置垂直速度相似。因此,煤岩体位移速度取 10 m/s 可以作为冲击地压预警的临界振动速度。

四、接触面周围振动特性

对煤岩结构失稳过程中三个测点的垂直及水平振动进行了频谱分析,如图 6-7 所示,其中测点振幅谱从 P_1 至 P_3 依次减小。根据图 6-7(a),由于微裂隙的形成和破碎煤岩体的喷射,P_1 位置主频率主要分布在 3.5~100 Hz 的低频段,同时,三点频率信号具有明显高能特征。根据图 6-7(b),P_2 位置振幅谱轻微地移向一个聚集的高频带(>100 Hz),低频信号的幅度谱较高,这表明 P_2 位置煤矸接触面宏观滑移产生了低频信号,并伴随着微破裂形成的低能高频信号。根据图 6-7(c),P_3 位置频谱分布明显移向高频带,没有明显的滑移及断裂特征,且相对 P_1 和 P_2 位置,其高频及低频振幅谱明显较低。密集的高频信号和较弱的低

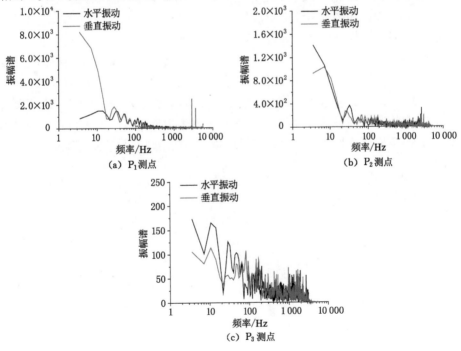

图 6-7　监测点振动频谱分布

频信号充分说明 P_3 附近没有产生明显的宏观断裂,同时,大量的微观断裂发生产生了高频信号,如图 6-2(h)所示。另外,煤矸接触面下方煤岩体的宏观断裂产生了较弱的低频成分。

综上所述,巷道冲击失稳可能是动载作用下夹矸—煤组合结构的破坏失稳引起的。冲击失稳发生前,局部应力集中在煤岩体中,并伴随着动态应力重分布。当冲击失稳发生时,大量破碎煤岩体剧烈喷出,残余夹矸岩中微裂隙继续扩展、连接和贯通,并进一步切割。此外,裂隙周围不同部位的振动与煤岩体裂隙的产生密切相关。因此,冲击失稳的触发机理可以描述为:动、静载作用→裂隙的形成及发育→局部应力集中→高能振动→滑移破坏→冲击失稳→应力重新分布。

第三节　本章小结

本章基于离散元数值模拟方法(UDEC),对动静载叠加作用下含夹矸煤层巷道冲击失稳过程进行了模拟分析,得到的主要结论如下:

(1) 动载作用下煤矸接触面滑移及煤岩体破断可引起巷道冲击失稳。冲击失稳发生前,裂隙周围煤岩体会形成局部应力集中,相应的,应力分布动态演化。失稳时,大量破碎煤岩体向外高速喷射。同时,残余煤岩体微裂隙扩展、汇聚、连接及聚结,进一步破断。另外,10 m/s 可以作为冲击地压预警的临界振动速度。

(2) 模拟揭示了冲击失稳过程中不同位置的震动特征。失稳时,巷道壁振动频谱表现为高能低频;煤矸接触面频谱向丰富的高频段缓慢移动,并伴随较强的低频信号;距离接触面较远的位置,振动频谱表现出丰富的高频和较弱低频特征。另外,不同位置振动频谱分布与煤矸接触面的滑动破坏密切相关。

第七章 含夹矸工作面冲击地压现场验证及防治实践

鲁西南矿区主采的 3# 煤层,煤层内分叉构造广泛赋存,煤层分叉区曾发生过多次冲击地压事故。其中,赵楼煤矿一采区 1305 工作面"7·29"冲击事故被认定为孤岛煤柱工作面高静载应力作用下的夹矸体滑移失稳事故(刘广建,2018)。此外,内蒙古鄂尔多斯矿区主采的 2-2 煤层,同样存在煤层分叉构造,分叉区域高能级矿震事件频繁发生。

基于赵楼煤矿 1307 工作面夹矸赋存区域发生的一次强矿震事件、运河煤矿 C5301 工作面夹矸赋存区域应力异常显现及石拉乌素煤矿 221上06A 工作面夹矸赋存区域震动异常显现,根据现场工程条件下夹矸—煤组合结构的动力显现异常,验证组合结构的失稳机理及特征。同时,根据赵楼煤矿千米埋深 7301 工作面初采阶段夹矸赋存区实际微震参量特征,对采取预处理措施后的工作面稳定性进行了验证分析。

第一节 夹矸赋存工作面强矿震事件

一、工作面概况

赵楼煤矿 1307 工作面位于一采区南部,东邻一集轨道下山,南邻 1308 工作面,西邻一采区边界,北邻 1306 工作面采空区,如图 7-1(a)所示。工作面地面标高 +42.84～+43.53 m,平均 +43.19 m,工作面底板标高 −938～−984 m,平均 −961 m。工作面设计长度 190.5 m,设计推进长度 630 m,后调整为 1 000 m。工作面开采 3# 煤层,煤层厚度为 4.30～8.50 m,平均 6.82 m,煤层具有强冲击倾向性;煤层倾角为 0°～12°,平均为 4°,煤层结构简单。工作面采用综采放顶煤采煤法开采。

工作面煤层直接顶为细砂岩和泥岩,厚度为 4.01～8.51 m;基本顶为中砂岩,厚度为 4.55～20.42 m;直接底为泥岩和粉砂岩,厚度为 1.55～2.70 m;老底为粉细砂岩互层,厚度为 8.45～11.85 m。煤层具体顶底板岩层如图 7-1(b)所示。

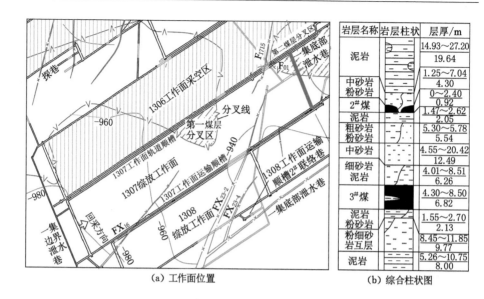

图 7-1 赵楼煤矿 1307 工作面概况

工作面掘进揭露 F_{1715}、FX_{23-2}、FX_{16} 三条正断层，其落差分别为 $0\sim7.3$ m、$2.1\sim14.0$ m、1.9 m。其中，FX_{23-2} 断层自运输顺槽侧向轨道顺槽侧延展，落差呈减小趋势，落差较大，断层带附近煤岩裂隙发育，整体破碎；FX_{16} 断层位于工作面内，自运输顺槽侧向工作面内延展直至尖灭。

1307 工作面煤层存在两处分叉区域，均靠近工作面轨道顺槽，其中，第一煤层分叉区大致位于开切眼前方 470 m~667 m 的位置，第二煤层分叉区位于停采线附近。根据煤层分叉区域分布特征及实测分布形态，第一煤层分叉区对工作面影响较明显。第一煤层分叉区内 $3_上$ 煤层厚度 2.4~4.7 m，平均 3.8 m，$3_下$ 煤层厚度 1.0~2.3 m，平均 1.74 m，分叉间距 0.7~3.0 m，平均 1.6 m。根据第一煤层分叉区煤矸接触面倾角初步推断，该位置夹矸发生整体性滑移的可能性较低，但在开采扰动下，容易发生煤及夹矸破断块体滑移，特别是在水平构造应力作用下，很可能出现部分破断煤岩体的不稳定滑移，并产生动力显现。

二、微震定位及参量演化规律

赵楼煤矿采用 SOS 微震(MS)监测系统对矿井生产中的微震事件进行实时监测，整个矿井巷道中共安装了 16 个微震测站，其中，1307 工作面周围共布置 4 个测站，编号分别为 #2、#8、#9 及 #12。1307 工作面于 2014 年 3 月 23 日开始回采，并于 2014 年 11 月 20 日发生一次强矿震事件，矿震能量为 2.38×10^5 J，震源位于工作面第一煤层分叉区，微震测站及强矿震震源分布如图 7-2 所示。

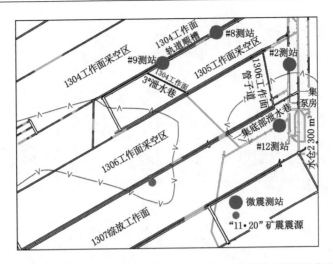

图 7-2 1307 工作面周围微震测站布置及"11·20"强矿震震源位置

　　为了分析"11·20"强矿震事件的发生原因,对该阶段工作面回采过程中的微震监测数据进行了详细分析,其中,微震数据选取时间段为 2014 年 10 月 6 日至 2014 年 12 月 31 日。分阶段统计并作出了 10 月 6 日至 12 月 31 日微震震源分布情况,如图 7-3 所示。

　　根据图 7-3,该阶段微震事件主要集中在 A、B 两个区域。A 区域位于工作面第一煤层分叉区附近,同时,1306 工作面回采刚结束,顶板还未完全垮落,仍存在高位顶板活动,因此,该区域煤层分叉线内、区段煤柱附近及 1306 工作面采空区内均有微震震源分布。B 区域内赋存有 FX_{23-2} 及 FX_{23-4} 断层,同时,该区域存在巷道交叉现象,在断层活化作用下,该区域有微震事件分布。另外,相对 A、B 区域,虽然工作面第二煤层分叉区域也存在煤层分叉、巷道交叉及断层的叠加影响,但该区域远离采煤工作面,受开采扰动影响较小,因此,微震震源分布较少。特别的,相对 B 区域,A 区域内相对大能量事件较集中,推断在开采扰动作用下,煤矸接触面上可能发生了较强烈的破断滑移事件。另外,A 区域内巷道位置微震事件集中现象明显,推断与巷道掘进形成的自由空间有关。对比不同阶段内微震震源事件分布特征不难发现,"11·20"强矿震发生前后,震源事件集中程度逐渐增大,特别是强矿震事件发生后,微震事件集中程度明显增大,相对大能量事件明显增多,同时,断层附件微震事件有所增加,推断强矿震扰动对煤矸接触面及周围断层产生了一定的活化作用。

　　为了分析"11·20"强矿震事件的发生机理,分别选取了强矿震事件以及 A、B 区域内出现的两次大能量微震事件进行微震信号波形分析,其中,A 区域内大

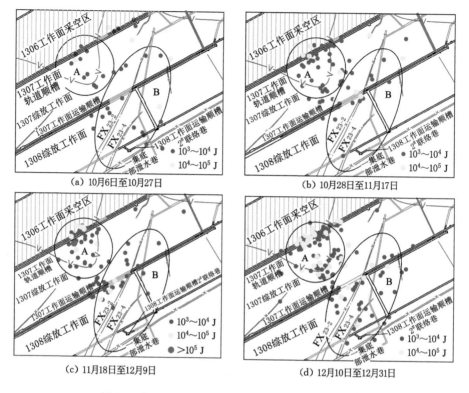

图 7-3 "11·20"强矿震前后微震震源分布演化情况

能量微震事件发生时间(11 月 10 日)早于强矿震事件,B 区域内大能量微震事件发生时间(12 月 31 日)在强矿震事件之后。分析结果如图 7-4 所示。

　　根据图 7-4,发生强矿震事件时 4 个测站监测到的最大振动速度均比较大,超过了 6.0×10^{-4} m/s;其余两次大能量微震事件发生时♯9 测站监测到的振动速度较大,B 区域最大振动速度接近 6.0×10^{-4} m/s,A 区域最大振动速度仅为 2.0×10^{-4} m/s,而其余测站振动速度较小。根据矿震发生时微震系统监测到的震动信号波形频谱特征,可大致判断震源点的震动类型。因此,分别对上述 3 个大能量事件微震信号进行频谱分析,如图 7-5 所示,其中,为了保证数据对比清晰,将部分测站监测数据的振幅谱进行了一定倍数的缩放。

　　根据图 7-5 不难发现,"11·20"强矿震事件微震信号频谱特征符合"低频高幅"特征,其中,♯2 测站及♯9 测站主频率明显处于较低频率阶段,♯8 测站主频率要大于上述两个测站,但仍处于低频范围内,♯12 测站存在低频和高频两个主频率带。根据强矿震事件微震信号频谱分布特征,确定"11·20"强矿震事件诱发了接触面的破断滑移,从而说明煤矸接触面发生了较为强烈的破断滑移。

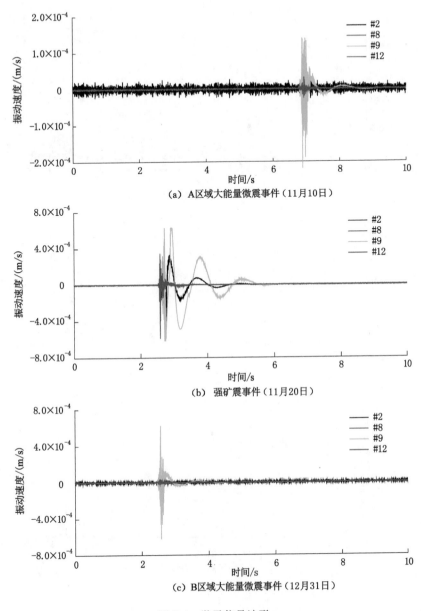

图 7-4　微震信号波形

其余两次大能量事件微震信号频谱分布均表现出"高频低幅"特征,除♯9 测站存在一个低频主频率带外,测站主频率均大于 100 Hz,具有明显的高频破断特征,这说明强矿震发生前夹矸区域及强矿震发生后 B 区域主要产生煤岩破断事件。根据强矿震前煤层分叉区域微震事件的破断特征,推断在开采扰动作用下,

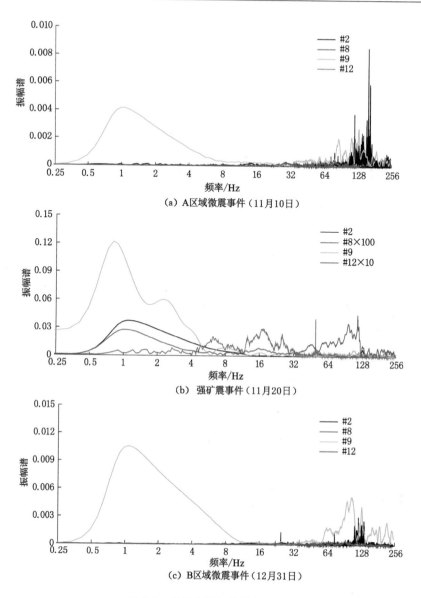

(a) A区域微震事件（11月10日）

(b) 强矿震事件（11月20日）

(c) B区域微震事件（12月31日）

图7-5　微震信号频谱分布特征

煤层分叉区域先出现了煤及夹矸岩体的破断，随后在矿震诱导下发生破断滑移。

　　为了分析强矿震前后微震参量的变化特征，统计2014年10月6日至12月31日的微震数据，作出该时间段内微震能量与频次的变化曲线，如图7-6所示。

　　根据图7-6(a)可知，微震事件日累计能量及最大能量明显波动变化，在

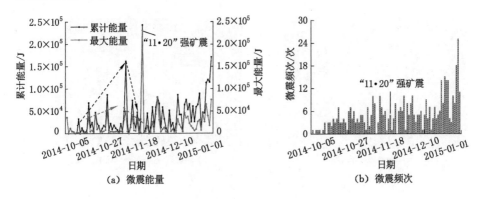

图 7-6　微震事件能量及频次变化曲线

"11·20"强矿震发生前,微震事件日累计能量阶段性出现明显高值并逐渐增加,但在 11 月 20 日前,上述两个参量出现了逐渐降低的趋势,这说明强矿震发生前出现了蓄能过程。强矿震发生后,微震事件日累计能量出现了频繁高值,同时日最大能量较之前有所增加,推断在强矿震扰动作用下,煤矸接触面及附近断层出现活化现象,微震事件增多。根据图 6-6(b)可知,"11·20"强矿震事件发生前,微震频次先增加后减小,这说明发生强矿震前该区域小微震事件频繁发生,随后进入蓄能阶段,最终发生强矿震事件。强矿震发生后小微震事件增加明显,同样说明了强矿震对煤矸接触面及断层的扰动作用。

三、微震事件波速反演

基于 2014 年 10 月 6 日至 12 月 31 日的微震数据,通过震动波反演得到了该区域震动波速度及速度梯度分布云图,如图 7-7 所示。

根据图 7-7(a)可知,在两个煤层分叉区均存在明显速度高值,这说明这两个区域均存在较高静载应力集中现象,推断该应力集中是煤层分叉区煤矸接触面剪切作用及煤岩高度比差异引起的。根据图 7-7(b)可知,上述两区域同样存在较高的波速梯度,其中,第二煤层分叉区除了受到煤层分叉影响外,断层及巷道切割作用也较明显,因此该位置波速梯度明显高于第一煤层分叉区。因此,根据 1307 工作面附近震动波速度及速度梯度分布云图,推断煤层分叉区具有明显的应力集中现象,在开采扰动作用下,"11·20"强矿震诱发了煤矸接触面的破断滑移。

四、微震参量前兆特征

根据前述的微震参量变化特征可知,强矿震事件发生前存在明显的蓄能过程,因此,为了进一步分析"11·20"强矿震发生的前兆特征,对微震参量进一步

 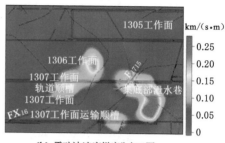

（a）震动波速度分布云图　　　　　　（b）震动波速度梯度分布云图

图 7-7　震动波反演结果(Lu et al.,2019)

分析。选取强矿震发生前后共一个月（11 月 1 日至 11 月 30 日）的微震数据，作出微震事件日最大能量及频次变化曲线和微震事件断层总面积（FTA）变化曲线，如图 7-8 及图 7-9 所示。

　　根据图 7-8 可知，11 月 8 日前微震事件日最大能量均比较小且较稳定，微震频次较低。从 11 月 9 日开始，微震事件日最大能量开始出现明显高值，其中，11 月 10 日、14 日及 17 日分别出现了日最大能量的相对峰值，且 3 个峰值呈现逐渐减小的趋势。从 11 月 7 日开始，微震频次高值逐渐增加，11 月 10 日及 13 日微震频次达到最大值，随后逐渐降低，并于强矿震发生前降至最低值。从强矿震发生前微震事件日最大能量及频次变化情况推测，强矿震发生前，该区域首先进入微震活跃期，相应的，微震能量及频次均迅速增加；随后，微震能量及频次逐渐减小，完成强矿震发生前的蓄能过程。

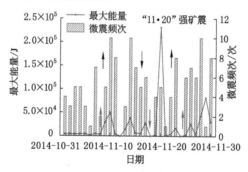

图 7-8　微震事件最大能量及频次变化曲线

　　根据图 7-9 可知，11 月 10 日前断层总面积逐渐下降，这说明该区域逐渐达到稳定状态。11 月 10 日后断层总面积迅速增加，微震活动开始活跃，推断此时煤层与夹矸岩体小尺度破断密集出现。11 月 15 日之后断层总面积迅速降低至

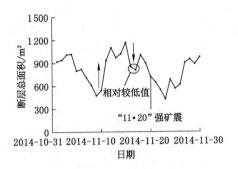

图 7-9　微震事件断层总面积变化曲线

相对低值,推断组合结构进入蓄能阶段。最终,在采动应力进一步扰动作用下,强矿震诱导煤矸接触面逐渐开始破断滑移并迅速失稳。

根据上述分析,微震事件能量、频次及断层总面积可作为煤矸接触面破断滑移及失稳的前兆信号,且变化特征与试验及数值模拟得出的结果一致,验证了试验及数值模拟得出的结论。

第二节　夹矸赋存工作面应力异常显现

一、工作面概况

C5301 充填试验工作面位于工业广场保护煤柱南部,—725 m 水平五采区西部,东邻 5301 综放工作面采空区保护煤柱,西到—725 m 水平北翼胶带巷保护煤柱,南邻原 5302 工作面轨道顺槽,北至工业广场保护煤柱,如图 7-10(a)所示。工作面长 60 m,推进长度 288 m,轨道顺槽长 387.4 m,胶带顺槽长308.9 m。地面标高+36.7~+37.5 m;工作面标高—580~—700 m,平均—640 m。C5301 工作面与 5301 工作面间煤柱宽度为 55 m,设计停采线煤柱宽20 m。工作面开采煤层 3 煤平均厚度为 8.10 m,倾角为 4°~20°,平均 12°。工作面采用综合机械化倾斜长壁后退式开采方法,采用超高水充填法管理采空区,开采底分层,采高为 3.5 m。

工作面煤层直接顶为泥岩,厚度为 0.40~1.10 m;基本顶为粉砂岩,厚度为4.33~7.10 m;直接底为泥岩,厚度为 0.40~3.10 m;老底为粉砂岩,厚度为1.25~1.70 m。煤层具体顶底板岩层如图 7-10(b)所示。

C5301 充填试验工作面附近发育有⑦≠正断层,该断层落差为 0~10 m,对回采影响程度一般。C5301 充填试验工作面断层具体情况见表 7-1。

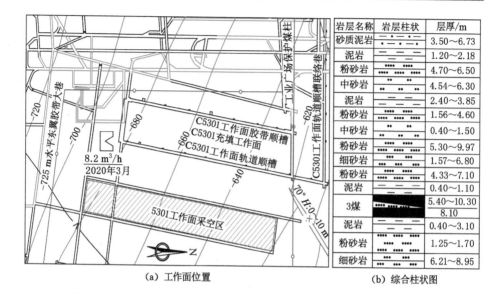

（a）工作面位置　　　　　　　（b）综合柱状图

图 7-10　运河煤矿 C5301 充填工作面概况

表 7-1　C5301 充填试验工作面断层概况

断层名称	走向/(°)	倾向/(°)	倾角/(°)	性质	落差/m	对回采的影响程度	备注
⑦#	233°	143°	70°	正断层	0~10	一般	

根据工作面两巷实际揭露的煤层赋存状态,如图 7-11 所示,工作面范围内普遍有夹矸赋存,且夹矸厚度沿推进方向不断变化。工作面内主要有 5 个煤岩夹矸变化区域。其中,开切眼前方 20 m 左右为煤层与夹矸交界区域,夹矸厚度为 0~4 m;开切眼前方 60 m 左右进入夹矸较厚区域;开切眼前方 140 m 左右为胶带顺槽煤矸夹层变薄区域;开切眼前方 193 m 进入胶带顺槽夹矸增厚区域,同时进入轨道顺槽夹矸变薄区域;开切眼前方 290 m 左右再次进入胶带顺槽夹矸变薄区域。

二、微震定位演化规律分析

运河煤矿装备有 KG648 微震监测系统,该系统可实现矿井微震事件的实时监测。全矿井共布置 23 个微震测站,其中,C5301 充填工作面周围共布置 5 个测站,编号分别为 #p3-1、#g2-3、#p1、#g3-1 及 #p4-2,如图 7-12 所示。

C5301 充填工作面于 2019 年 9 月 1 日开始回采,并于 2019 年 12 月 11 日回采结束。为了分析夹矸及采动影响对工作面矿压显现的影响,对工作面回采过程中的微震监测数据进行了详细分析。分阶段统计并作出了 9 月 1 日至 12

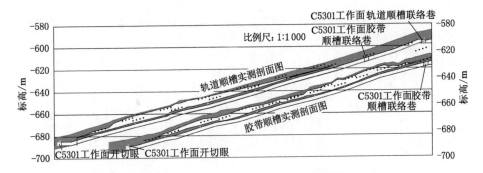

图 7-11 C5301 充填工作面煤层赋存概况

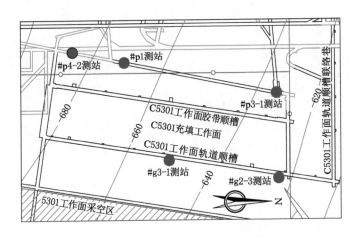

图 7-12 C5301 充填工作面周围微震测站布置

月 11 日 C5301 工作面微震震源分布,如图 7-13 所示。

　　根据图 7-13 所示工作面回采期间震源分布演化特征,回采过程微震事件分布主要受到周期来压、采空区见方、夹矸厚度及回采速度等因素的影响。第一阶段(9 月 1 日至 9 月 28 日),工作面回采主要受到煤层分叉及采空区见方影响;第二阶段(9 月 29 日至 10 月 28 日),工作面回采主要受到夹矸厚度变化及工作面停产影响;第三阶段(10 月 29 日至 11 月 20 日),工作面回采也受到了夹矸厚度变化及工作面停产的影响;第四阶段(11 月 21 日至 12 月 11 日),工作面回采主要受到夹矸变厚的影响。根据 C5301 工作面回采过程中的微震震源分布特征,微震事件主要分布在煤层夹矸厚度变化区域,且相对大能量($1.0 \times 10^4 \sim 1.0 \times 10^5$ J)事件较多。同时,随着工作面的推进,夹矸赋存区整体微震事件逐渐密集,推断随着工作面见方及来压,夹矸赋存区煤矸接触面出现了一定程度的活化。

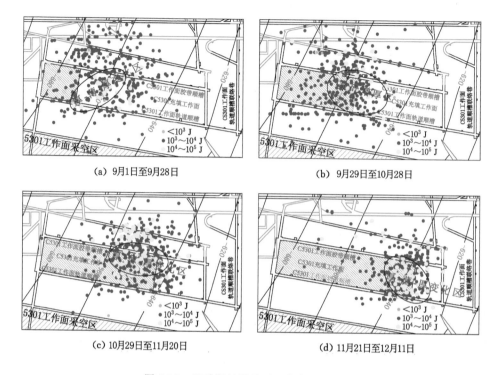

(a) 9月1日至9月28日 (b) 9月29日至10月28日

(c) 10月29日至11月20日 (d) 11月21日至12月11日

图 7-13 回采期间微震震源分布演化情况

三、工作面 CT 探测分析

运河煤矿采用无损探测的采矿地球物理方法,即弹性震动波 CT 透视技术,对 C5301 充填工作面震动波速度分布及冲击危险性进行了分析。本次工作面 CT 探测接收端设置在 C5301 工作面胶带顺槽,爆破端设置在轨道顺槽。接收端分站间距按 10 m 设计,爆破端炮孔间距按 8 m 设计,每孔装药量为 150 g,实际施工后共布置接收分站 20 个,爆破震源 28 个,如图 7-14 所示。

通过求解获得 C5301 充填工作面震动波速度分布,如图 7-15 所示,工作面煤体震动波速度分布可以直观反映煤体中的应力分布。

根据图 7-15,工作面波速异常(应力异常)区域主要集中在轨道顺槽侧 T1 至 T3 区域、T9 至 T10 区域、T15 至 T17 区域和 T25 至 T27 区域,另外,胶带顺槽侧 R16 至 R24 区域波速相对较高,且在 R22 位置出现波速异常。根据 C5301 工作面煤层分叉、夹矸厚度变化情况及工作面推进位置推断,C5301 工作面波速异常(应力异常)与工作面内煤层分叉、夹矸厚度变化情况及工作面位置有关。因此,煤层分叉区及夹矸厚度变化情况区存在明显的应力集中现象,在开采扰动

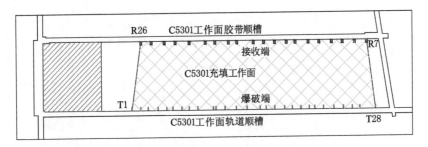

图 7-14　观测点和爆破点实际布置图

图 7-15　C5301 充填工作面震动波速度分布图

作用下,煤矸接触面极易发生剪切滑移及煤岩体破断,并诱发相对大能量事件。

综上,C5301 工作面高应力集中现象同样是煤矸接触面剪切作用及煤岩高度比差异造成的。

四、微震参量前兆特征

为了分析 C5301 充填工作面大能量事件前兆特征,统计 2019 年 9 月 1 日至 12 月 16 日微震数据,作出微震事件最大能量、累计能量及频次随工作面推进的变化曲线,如图 7-16 所示,其中,图中 A 至 E 分别表示"分叉线区域""采空区见方区域""周期来压及夹矸较厚区域""夹矸变薄区域"及"夹矸变厚区域"。

根据图 7-16,回采阶段微震事件累计能量、最大能量及微震频次均有明显波动变化,尤其在夹矸厚度变化、工作面来压以及见方期间,微震事件能量及频次均比较高,矿压显现较为明显。在 9 月 4 日左右,工作面推进至煤层分叉线区域,微震事件累计能量及最大能量达到最大值。在 9 月 17 日至 9 月 27 日期间,工作面推进至采空区见方区域,微震能量及频次均出现明显高值。从 10 月 19 日开始,在充填作用下,工作面顶板应力重新分布,顶板岩层垮落强度减缓,矿压显现不明现,微震事件总能量有所减少。工作面推进 170 m 后,随着夹矸厚度增大,微震事件累计能量与最大能量继续出现相对高值。工作面推进 200 m 左右时,胶带顺槽进入夹矸厚度变薄区,构造应力作用导致能量集中。在 11 月 26

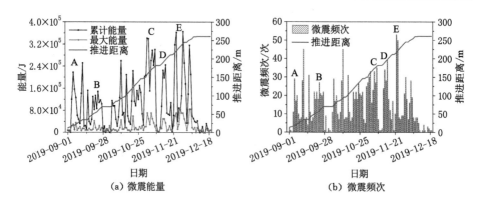

图 7-16　微震事件能量及频次变化曲线

日至 12 月 3 日期间,工作面再次推进至夹矸厚度增大区域,微震事件累计能量及最大能量达到最大值。

根据微震事件能量及频次演化规律,煤层分叉线、夹矸厚度变化区及工作面来压和采空区见方区域,微震事件能量及频次一般会出现明显高值,且相对大能量事件也会明显增多。通过对比不难发现,在煤层夹矸厚度变化区域,微震事件能量及频次均高于工作面来压期间,因此,夹矸厚度变化更易造成煤岩体应力集中。从大能量事件发生前微震事件能量及频次变化情况来看,大能量事件发生前,该区域首先进入微震活跃期,相应的微震能量及频次均迅速增加,随后微震能量及频次逐渐减小,完成大能量事件发生前的蓄能过程。大能量事件发生后,微震最大能量及频次再次逐渐增加,与大能量事件的扰动作用相吻合。

五、夹矸赋存区域应力异常分析

选取 C5301 工作面胶带顺槽 4#、5# 超前支架顶板应力监测数据进行分析,结果如图 7-17 所示。

根据图 7-17,在煤层分叉、工作面来压、采空区见方、夹矸厚度变化区域及采掘速度变化期间,超前支架顶板应力均出现了明显变化,尤其在夹矸厚度变化区域,超前支架顶板应力明显较高,这说明在夹矸厚度变化区域,工作面回采扰动更容易造成应力集中现象。

通过两顺槽 10 月 4 日至 12 月 12 日 1#、2# 及 3# 钻孔钻屑监测,得到两顺槽超前区域最大钻屑量变化曲线,如图 7-18 所示,其中 1# 及 3# 钻孔位于采帮侧,2# 钻孔位于非采帮侧。

根据图 7-18,在进入煤层夹矸厚度变化区域前,两顺槽超前区域内钻屑量均呈明显的上升趋势。另外,根据打钻过程中记录的动力显现情况,轨道顺槽

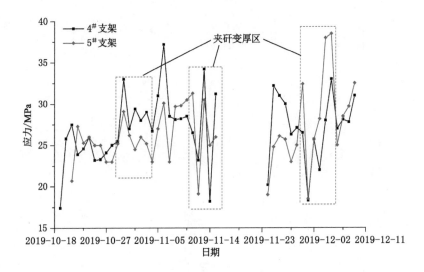

图 7-17　超前支架顶板应力变化曲线

1#钻孔第 7 m 处产生一次煤炮。10 月 15 日至 11 月 19 日,胶带顺槽 1#、2# 及 3# 钻孔均存在吸钻现象,轨道顺槽 3# 钻孔第 4 m 处产生一次煤炮等。结合回采过程中的应力分析可以得出,在夹矸厚度变化区域水平应力明显增加,这说明夹矸厚度变化区域煤矸接触面剪切作用是造成应力集中的主要因素。

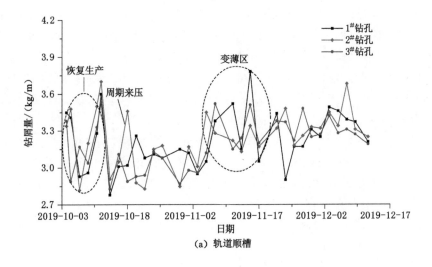

（a）轨道顺槽

图 7-18　两顺槽超前区域钻屑量变化曲线

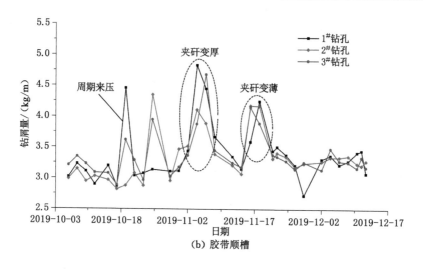

图 7-18(续)

第三节　夹矸赋存工作面震动异常分析

一、工作面概况

石拉乌素煤矿 $221_{上}06A$ 工作面位于 221 采区中西部,为南翼首采工作面。其东侧为设计的 $221_{上}08$ 综放工作面,北到大巷保护煤柱,西为设计的 $221_{上}04$ 综放工作面,南到 $221_{上}06B$ 工作面,如图 7-19(a)所示。工作面斜长 300 m,推进长度为 1 829 m。工作面对应地面标高＋1 339.4～＋1 351.0 m;煤层底板标高＋680.0～＋692.7 m,平均＋686.4 m。工作面两侧为实体煤,设计停采线煤柱宽度为 100 m。

工作面主采 2-2 煤,煤层平均厚度 9.02 m,平均倾角 1°,为近水平煤层。在工作面北部,2-2$_{上}$和 2-2$_{中}$煤层间夹一层厚 0.70～2.80 m 的砂质泥岩。工作面煤层上覆厚度为 0～6.09 m 的砂质泥岩伪顶及厚度为 12.08～31.26 m 的中细砂岩基本顶,不含直接顶。工作面直接底为 0～10.52 m 厚的砂质泥岩,老底为厚 7.30～17.44 m 的中细砂岩。钻孔揭露的工作面邻近局部区域煤层顶、底板情况如图 7-19(b)所示。

根据工作面内及附近钻孔显示,工作面内宽缓褶曲发育,煤层总体较平缓,区内未发现断层,亦无岩浆岩侵入体。但煤层在工作面中北部合并,从分叉区域向北煤层间距预计由 0.7 m 增大到 2.8 m(停采线处),中间夹层为砂质泥岩。

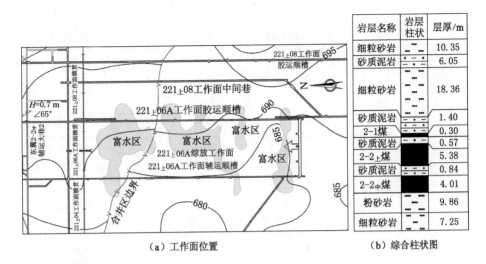

（a）工作面位置　　　　　　　（b）综合柱状图

图 7-19　石拉乌素煤矿 221上06 工作面概况

另外，工作面区域含有两层含水层，分别为延安组砂岩含水层和直罗组含水层，工作面有 4 个富水区域。

二、微震定位演化规律

石拉乌素煤矿配备有 SOS 微震监测系统，该系统可实现对整个矿井采掘活动影响的微震事件实时监测。全矿井范围共安装 12 个微震测站，其中 221上06A 工作面周围布置 4 个测站。工作面自 2017 年 9 月 19 日开始回采，于 2018 年 1 月 21 日开始接近煤层分叉合并线，并于 2019 年 9 月 9 日左右通过分叉合并线区域，其中，2018 年 4 月 12 日至 2019 年 9 月 1 日工作面处于停采状态。

为了分析工作面回采至煤层分叉合并线附近时的矿震活动规律，对 2018 年 1 月 21 日至 2019 年 9 月 9 日期间的微震监测数据进行了分析。统计并作出该阶段工作面微震震源分布演化情况，如图 7-20 所示，由于微震事件数较多，主要分析了能量大于 10^3 J 的微震事件。

根据图 7-20，该阶段微震震源主要集中在工作面富水区及煤层分叉合并线附近。从微震震源分布演化特征来看，在 2018 年 3 月 7 日之前，工作面还未揭露煤层分叉合并线，微震震源分布相对分散，且大能量事件少，大部分事件震动能量较小。自 2018 年 3 月 7 日开始，工作面开始揭露煤层分叉合并线，微震事件明显在分叉合并线附近集中，且相对小能量事件，大能量事件明显增多，出现了超过 10^5 J 的高能量矿震事件。工作面中煤层分叉合并线大致位于两个富水区边缘位置，由此推断，工作面推进至此区域时，开采扰动与富水区边缘集中应力叠加造成该区域

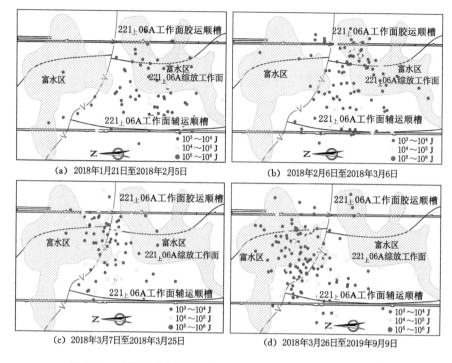

图 7-20　工作面过煤层分叉合并线期间微震震源分布演化情况

明显的应力集中,从而可能导致煤层分叉合并线区域倾斜煤岩接触面上发生明显的破断滑移,表现为该区域震源事件的明显集中及高能级矿震事件的出现。

三、高能级矿震事件震动特征

221$_\text{上}$06A 工作面回采至煤层分叉合并线附近时,煤层分叉区产生了一次高能级震动事件,震动能量达 1.6×10^5 J。基于此次高能级震动事件,作出其震动波形及频谱分布,如图 7-21 及图 7-22 所示。

根据图 7-21,此次高能级矿震事件发生时,测站监测到的最大振动速度达 1.38×10^{-4} m/s,且各测站监测到的最大振动速度普遍大于 1.0×10^{-4} m/s。根据图 7-22,各测站频谱分布特征基本一致,均存在三个明显主频率,最大主频率约为 10.58 Hz,最小主频率仅为 2.44 Hz,但最大振幅谱达 0.013 8。结合图 7-21 中波形振动速度幅值,该震动事件频谱分布存在明显的"低频高幅"特征,这说明该高能级矿震事件发生时煤岩体发生了破断并伴随有接触面的剪切滑移。结合该事件的剖面定位高度(大致定位在煤层中),推断在开采扰动作用下,煤矸接触面上发生了较明显的破断滑移。

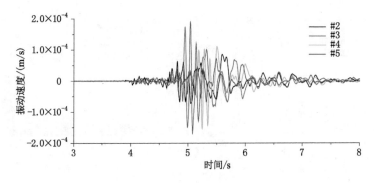

图 7-21　高能级矿震事件波形

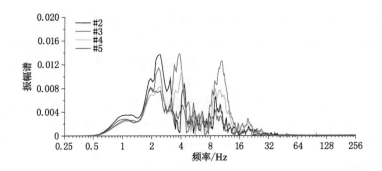

图 7-22　高能级矿震事件频谱分布

四、微震参量演化及高能级矿震前兆特征

为了分析工作面推过煤层分叉合并线期间微震参量的演化规律,基于 2018 年 1 月 21 日至 2019 年 9 月 9 日期间的微震监测数据,统计并作出微震事件最大能量、累计能量及频次随工作面推进的变化曲线,如图 7-23 所示。其中,考虑工作面回采期间停工次数及天数较多,且停工期间基本无微震事件,此处仅对实际采煤期间微震数据进行分析,时间按天数统计。

根据图 7-23,回采阶段微震事件累计能量、最大能量、频次均有明显波动,自工作面揭露煤层分叉合并线开始,微震累计能量及最大能量明显增加,但微震频次出现了明显降低趋势,这说明工作面推进至煤层分叉合并线区域时,微震事件能量出现了明显的增加,微震事件以相对高能级震动事件为主,推断与煤层分叉合并线区域倾斜煤矸接触面剪切滑移有关。另外,在工作面接近穿过煤层分叉合并线区域时,微震事件能量及频次有了明显降低,这与工作面推进速度明显降低有关。在工作面停产接近 17 个月后复产初期,微震事件能量及频次明显增

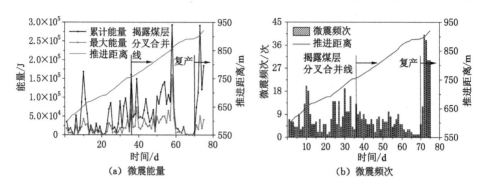

图 7-23 微震事件能量及频次变化曲线

加,这与煤层分叉合并线区域突然受到采动影响有关,且复产初期工作面推进速度较快,采动影响较明显。另外,在复产阶段,工作面正处于穿越煤层分叉合并线末期,工作面与煤层分叉合并线及辅运顺槽将合并区煤层切割成锐角煤柱,也是该阶段微震能量及频次明显增加的原因之一。

综上,根据微震事件能量及频次演化规律,工作面推进至煤层分叉合并线区域时,造成微震能量及大能量事件的明显增加,这说明煤层分叉合并线区域及富水区边缘极易形成煤岩体应力集中。另外,工作面停工复产时,受采动作用的突然影响,微震事件能量及频次一般会明显增加。

第四节 含夹矸工作面冲击地压防治方法

第五章中对夹矸—煤组合结构失稳影响因素进行了分析,得出影响组合结构失稳的主要因素包括煤矸接触面倾角、接触面粗糙度、应力加载速度、煤岩体强度以及动静载作用下初始静载应力水平、动载频率及动载幅值等。针对现有技术条件,在工作面实际生产中的可控因素包括接触面粗糙度、应力加载速度、煤岩体强度以及静载应力水平等。针对上述因素,从以下几方面入手对含夹矸工作面冲击地压防治措施进行讨论:

(1)减小接触面粗糙度。受煤矸接触面粗糙度影响,组合结构可能发生破碎或接触面滑移两种不同形式的失稳。其中,当组合结构发生单一接触面滑移,特别是不稳定滑移时,结构失稳产生的动力显现最明显,但当接触面稳定滑移,特别是两个接触面均发生稳定滑移时,其破坏强度及动力显现最弱。因此,可在现场采用煤层注水方法弱化接触面摩擦强度,促进夹矸岩体的缓慢稳定滑移,降低结构失稳强度,同时,还可起到弱化煤岩体强度的作用。

(2)减小含夹矸煤体应力加载速度。随应力加载速度增加,组合结构冲击作用更加明显,从而会造成结构失稳强度升高,且动力现象也更明显。在工作面开采现场,随着工作面推进速度的增加,顶板下沉速度也会增加,从而使工作面顶板来压更剧烈,超前压力上升速度更快。因此,可采用控制工作面推进速度的方法,实现减小含夹矸煤层应力加载速度并降低结构失稳强度及动力显现程度的效果。

(3)弱化煤岩体强度。煤岩体强度均较高时,接触面滑移扭转程度更大,应力集中更明显,从而造成结构失稳强度更大,动力现象更明显。因此,对于含夹矸工作面,可采用大直径钻孔对煤体进行弱化卸压,同时,可采用煤体注水软化及煤岩体深孔爆破等措施对煤岩体进行强度弱化,从而起到减弱结构失稳强度及动力显现程度的作用。

(4)降低煤岩体静载应力水平。动载前初始静载应力水平越高,动载扰动造成的应力峰值越高,结构整体失稳强度越大,同时动力现象越明显。实际生产中,工作面煤体所受应力主要来自上覆岩层自重及采动应力,其中,可通过减小采空区悬顶面积的方法减弱采动应力影响。因此,工程现场可采取顶板预裂的方式缩短顶板垮落步距,减小采空区悬顶面积,从而起到减弱结构失稳强度及动力显现程度的作用,具体措施包括顶板预裂爆破、顶板岩层水力致裂等。

综上,针对含夹矸工作面,可从煤矸接触面注水、工作面推进速度控制、煤体大直径钻孔卸压、煤体注水软化、煤岩体深孔爆破、顶板预裂爆破以及顶板岩层水力致裂等措施入手,尝试对含夹矸工作面开采过程中夹矸破断滑移引起的冲击地压进行防治。

第五节　含夹矸工作面冲击地压防治方法实践

一、工作面概况

赵楼煤矿 7301 综放工作面位于七采区西北部,东邻一采区与七采区边界,距一采区 1303 工作面最近距离为 55 m,南邻设计的 7303 工作面,西邻七采区三条准备巷,北邻三采区与七采区边界,如图 7-24(a)所示。工作面对应地面标高为 +43.67～+44.09 m,平均 +43.90 m;煤层底板标高为 -936.5～-995.3 m,平均 -965.9 m。工作面长 230 m,轨道顺槽长 1 414.3 m,运输顺槽长 1 399.2 m。工作面开采 3# 煤层,煤层厚度为 6.8～9.0 m,平均 7.8 m,煤层倾角为 0°～13°,平均 3.5°,煤层结构简单。工作面采用综合放顶煤采煤法开采。

工作面煤层直接顶为中砂岩和泥岩,厚度为 0～3.48 m;基本顶为细砂岩,厚度为 7.70～12.90 m;直接底为泥岩和粉细砂岩互层,厚度为 0～11.76 m;老底为粉砂岩,厚度为 10.30～11.90 m,如图 7-24(b)所示。

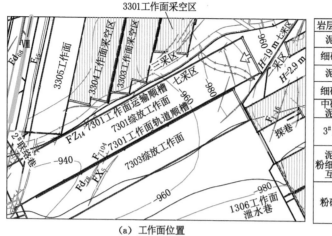

（a）工作面位置　　　　　　　（b）综合柱状图

图 7-24　7301 工作面概况

工作面运输顺槽北邻 FZ_{14} 逆断层（落差为 $50\sim70$ m），另外，邻近的三采区工作面已采空，在该区域形成了锯齿形断层煤柱群，预计应力分布较复杂。工作面回采过程中还将受到 FX_6 及 FX_5 断层影响，其中，FX_6 断层为隐伏断层，预计落差为 $0\sim5$ m，对工作面回采会造成一定影响。其余断层在工作面内的落差均在 5 m 以下，整体对工作面回采影响程度相对较小。

根据地质资料分析，工作面东部存在一处煤层分叉区。分叉区内 $3_上$ 煤层厚度为 $4.4\sim5.4$ m，$3_下$ 煤层厚度为 $1.3\sim2.6$ m；分叉间距为 $0.7\sim1.6$ m，平均 1.1 m。需要说明的是，在工作面实施钻屑量监测过程中，通过钻屑钻孔进一步勘探，同时，结合巷道实际揭露夹矸情况，7301 工作面煤层夹矸实际赋存范围远大于地质勘探确定的范围。另外，7301 工作面附近共布置 4 个微震测站，分别布置在两顺槽内，其中，运输顺槽内测站编号分别为♯20 及♯21，轨道顺槽内测站编号分别为♯16 及♯19，如图 7-25 所示。

二、工作面夹矸赋存区域冲击地压预防措施

7301 工作面地质条件十分复杂，受煤层埋深（最大埋深 1001 m）、锯齿形断层煤柱群及煤层分叉综合影响，工作面被评定具有强冲击危险，特别是煤层分叉区域，在高静载应力作用下，极易受到断层活化产生的动载扰动作用，从而造成楔形夹矸岩体伴随附近煤体的动力失稳。因此，总结一采区煤层夹矸动力失稳经验教训，为了减弱或防止煤层分叉区域夹矸—煤组合结构的破断滑移失稳，针对性地制定并实施了相应的预防措施。

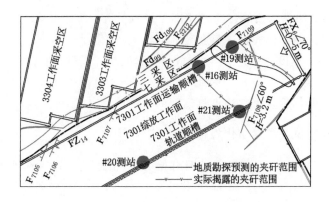

图 7-25　7301 工作面夹矸赋存范围及微震测站布置

（1）大直径钻孔预卸压

工作面回采前，在两顺槽及开切眼内进行了大直径钻孔预卸压。大直径钻孔孔深为 20 m，直径为 150 mm，孔间距设置为 1～3 m，距底板距离为 0.8～1.8 m。通过实施大直径钻孔预卸压，可以为工作面煤壁提供一定的卸压空间，将侧向支承压力峰值向煤体内部转移，同时，可起到弱化煤体强度的效果。

（2）顶板预裂爆破

工作面悬顶长度决定超前支承压力的集中程度，因此，为了预防工作面顶板不能及时垮落造成的超前应力明显集中，在工作面回采前，对工作面顶板进行了预裂爆破。工作面顶板预裂爆破范围为开切眼及两顺槽 120 m 范围，其中，开切眼中爆破钻孔间距为 15 m，两顺槽内爆破钻孔间距为 20 m，如图 7-26（a）所示。为了达到预裂基本顶的效果，结合工作面综合柱状图，确定爆破钻孔深度为

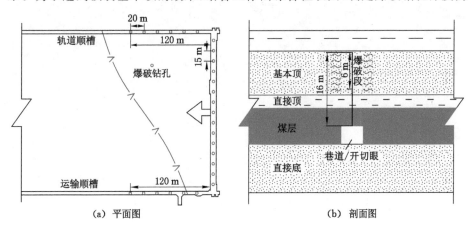

图 7-26　7301 工作面爆破钻孔布置示意

16 m,以达到贯穿基本顶的目的,如图 7-26(b)所示。

（3）严格控制工作面推进速度

工作面推进速度越大,工作面顶板来压越明显。通过控制推进速度,可以有效降低工作面整体来压强度。因此,在工作面回采过程中,严格控制推进速度不超过 4 m/d,同时,保证工作面推进速度的稳定性。

三、微震定位及参量演化规律

7301 工作面自 2019 年 6 月 4 日开始回采,根据微震监测数据,作出工作面初采阶段（6 月 4 日至 7 月 15 日）的微震震源分布演化图,如图 7-27 所示。

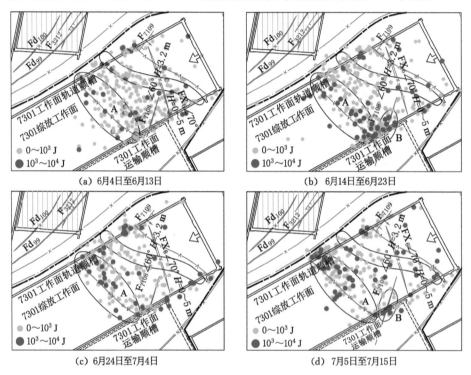

(a) 6月4日至6月13日   (b) 6月14日至6月23日

(c) 6月24日至7月4日   (d) 7月5日至7月15日

图 7-27　7301 工作面微震震源分布演化情况

根据图 7-27,工作面在回采过程中微震能量较低,未出现较大能量（>1.0×10⁴ J）微震事件。工作面推进过程中,微震事件主要集中在夹矸赋存区域,其中,相对大能量（>1.0×10³ J）微震事件在 A、B 两个区域较为集中,A 区域位于煤层分叉线附近,B 区域位于 F_{7108} 断层位置。另外,在 FX_6 断层附近也有相对大能量微震事件分布,但集中程度不高。从整体上看,煤层分叉靠近两顺槽位置微震事件要多于煤体内部,且巷道内断层位置微震事件明显较煤体内断层位置集中,推测由于巷道自由空间的存在,在开采扰动作用下,煤矸接触面破断滑移情况较明显,这与模拟结果相吻合。需要注意的是,截至 7 月 15 日,工作面已经历直接顶初次垮落和基本顶初次来压,但夹矸外侧区域微震事件仍比较少,推断工作面顶板垮落强度较小。

同样的,为了确定相对大能量微震事件的产生机制,选取夹矸赋存区域能量较大的三次微震事件,对其波形及频谱分布情况进行分析,如图 7-28 及图 7-29 所示。

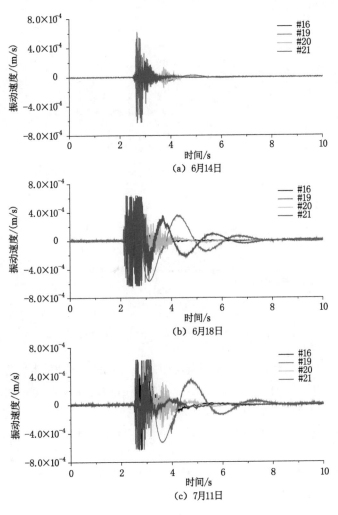

图 7-28　夹矸赋存区域微震信号波形情况

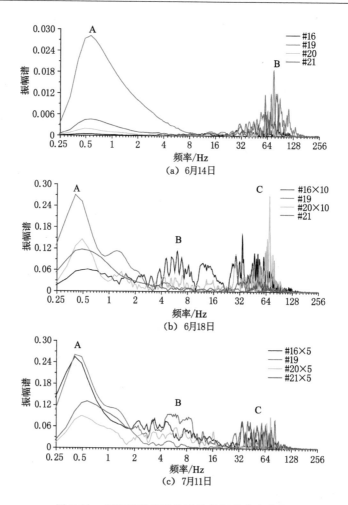

图 7-29　夹矸赋存区域微震信号频谱分布特征

根据图 7-28,由于 7301 工作面微震测站布置在两顺槽内,距离震源较近,震动波传播过程中衰减作用较小,因此,三个微震事件的振动速度均比较大,最大振动速度均超过了 6.0×10^{-4} m/s。根据图 7-29,6 月 14 日微震事件有两个明显的主频率分布带,其中,低频带主频率小于 8 Hz,高频带主频率在 70~80 Hz 之间。对应 6 月 18 日微震事件,♯19 测站及♯21 测站主频率较低,♯20 测站存在低频和高频两个主频率带,高频带主频率约为 70 Hz,♯16 测站主频率带分布较广,但其主频率整体小于 60 Hz。对应 7 月 11 日微震事件,♯19 测站主频率带较窄,其余测站主频率带分布较广,主频率整体约小于 80 Hz,但低频率带振幅谱明显高于其他主频率带。根据微震事件频谱分布特征,微震信号主频率既存在"高幅低频"特征,又存在高频分布特征,这说明三个微震事件由滑移伴随破断产生,因此,推断在工作面开采扰动作用下,夹矸赋存区域煤矸接触面上频繁出现破断滑移,但破断滑移强度不大。

基于微震监测数据,统计并作出了工作面回采过程中微震能量及频次变化曲线,如图 7-30 所示,其中,工作面于 6 月 20 日发生了直接顶初次垮落,并于 6 月 27 日初次来压。

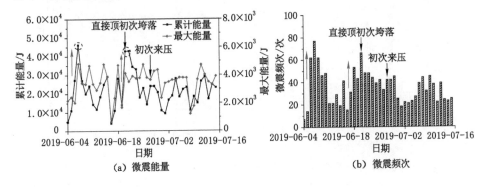

图 7-30　7301 工作面回采期间微震参量变化曲线

根据图 7-30,自工作面 2019 年 6 月 14 日开始回采至 7 月 15 日,工作面微震事件日累计能量共经历了两次明显高值,分别对应工作面初采扰动及工作面直接顶初次垮落。其余时间微震事件日累计能量虽存在一定的波动性,但整体波动范围较小。自 6 月 14 日至 7 月 15 日,除部分时间工作面微震事件日最大能量较低外,其余时间日最大能量在 $4.0×10^3$ J 上下波动,且直接顶初次垮落及工作面初次来压期间并无明显变化。该阶段内,工作面微震频次变化特征与累计能量变化特征类似,除直接顶初次垮落及初次来压期间微震频次明显较高外,其余时间微震频次相对较低,但整体频次较高,最高可达 77 次。综合上述微震能量及频次的变化特征,工作面日累计能量均小于 $5.0×10^4$ J,日最大能量均小于 $5.0×10^3$ J,且周期来压期间微震参量变化不明显。结合微震事件的分布位置以及现场观测情况,确定 7301 工作面顶板能够分层及时垮落,且顶板垮落强度不大,对工作面造成的应力集中作用不明显。

四、工作面 CT 探测及微震事件波速反演

鉴于 7301 工作面开采条件的复杂性,对 7301 工作面应力分布情况进行了 CT 探测,探测范围为开切眼前方 404 m 区域,共布置爆破震源 58 个,设置 22 通道接收器,系统布置如图 7-31 所示。其中,爆破端炮孔直径为 42 mm,深度为

2 m,间距为 7 m;接收端分站间距为 19 m;1[#] 炮孔及接收分站距开切眼煤壁 5 m。通过 CT 探测反演得出工作面冲击危险指数分布情况,如图 7-32 所示,其中,冲击危险指数反映了工作面应力分布情况。

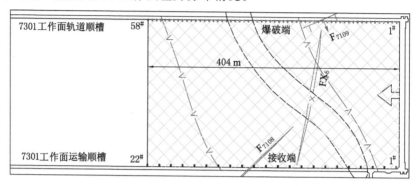

图 7-31　7301 工作面 CT 探测系统布置

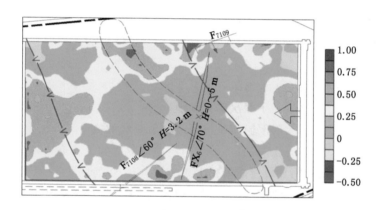

图 7-32　CT 探测区域冲击危险指数分布云图

根据图 7-32,7301 工作面前方 380 m 范围内的应力集中区域主要位于夹矸赋存区边界及邻巷位置。据此推断,一方面,煤矸倾斜接触面上剪切应力作用对夹矸赋存区域煤层产生了明显的侧向挤压作用,从而导致夹矸赋存区域边界应力集中程度较高;另一方面,邻巷区域存在自由面,为煤岩体相对滑移提供了自由空间,从而导致剪切力向两巷方向转移,同时,边界区域还受到断层构造的影响,因此在该区域形成了明显的应力集中。

为了分析开采扰动作用下工作面应力集中情况,根据 6 月 4 日至 7 月 15 日微震事件,采用震动波反演方法,对采动作用下 7301 工作面震动波速度及速度梯度分布情况进行了反演分析,结果如图 7-33 所示。

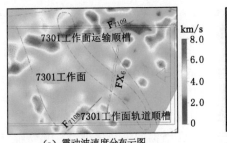

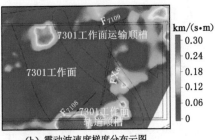

(a) 震动波速度分布云图   (b) 震动波速度梯度分布云图

图 7-33 7301 工作面震动波反演结果

根据图 7-33(a)不难发现,在开采扰动作用下,工作面震动波速度分布情况与 CT 探测结果具有一定的相似性。相对 CT 探测结果,震动波速度较高区域更集中于夹矸赋存区域边界及邻巷位置,同时,在断层构造位置存在波速高值的明显集中现象。根据图 7-33(b),上述波速较高区域同样存在较高的波速梯度,特别是断层、夹矸赋存区域及巷道交叉区域,波速梯度很高。因此,7301 工作面震动波速度及速度梯度分布特征验证了 CT 反演所得结论,这说明在开采扰动作用下,受煤矸接触面滑移剪切作用,夹矸赋存区域边界及邻巷位置应力集中程度较高。

五、夹矸稳定性分析

不同于一采区 1305 及 1307 工作面,虽然 7301 工作面上覆锯齿形断层煤柱群,但现阶段工作面开采未进入锯齿形断层煤柱群影响区,受其影响较小。根据该阶段工作面微震事件定位情况,FZ_{14} 断层并未出现活化现象,同时,推断 FZ_{14} 断层存在一定的应力传递阻断效应,因此,该阶段上覆锯齿形断层煤柱群未对 7301 工作面回采造成明显影响。

工作面回采前已对顶板进行了爆破预裂,同时,工作面回采过程中严格控制推进速度小于 4 m/d,并保持稳定推进。结合工作面基本顶初次来压期间的微震参量特征及现场实际观测情况,7301 工作面顶板能够及时分层垮落,工作面来压不明显,且动载扰动也较小。

另外,工作面回采前已对工作面两顺槽及开切眼煤壁进行了大直径钻孔预卸压,且在回采过程中夹矸区域两顺槽均出现了塌孔现象,这说明煤体应力得到了释放,同时弱化了煤体强度。综合上述情况推断,虽然煤矸接触面频繁出现小尺度破断滑移,但通过前期采取的预防措施,结合现阶段工作面开采的有利地质环境,7301 工作面煤体内应力集中程度整体较低,从而保证了夹矸区域煤岩结构的稳定性。

第六节　本　章　小　结

本章基于赵楼煤矿 1307 冲击危险工作面"11·20"强矿震事件、运河煤矿 C5301 工作面夹矸区域应力异常显现及石拉乌素煤矿 $221_{上}06A$ 工作面煤层分叉合并线区域震动事件异常现象,根据现场微震监测数据,对工作面含夹矸区域动力显现特征进行了分析,验证了夹矸—煤组合结构的失稳机理及前兆特征;同时,根据赵楼煤矿千米埋深强冲击危险 7301 工作面初采阶段夹矸赋存区域实际微震参量特征,对采取预处理措施后的工作面稳定性进行了验证分析,所得主要结论如下:

(1) 根据强矿震事件微震波形及频谱分布特征,确定强矿震可诱发夹矸赋存区域煤矸接触面的破断滑移,同时,工作面震动波速度及其梯度分布特征印证了高静载应力作用下强矿震诱发了煤矸接触面的破断滑移,从而验证了理论分析、试验及数值模拟所得结论。

(2) 微震参量演化特征证实了强矿震发生前存在蓄能过程;微震能量、频次及断层总面积存在相对低值,可作为煤矸接触面破断滑移及失稳的前兆信号,从而验证了试验及数值模拟所得结论。

(3) 工作面夹矸区域存在明显的应力集中现象,特别是夹矸厚度明显变化区域。当工作面经历初次来压、采空区见方以及周期来压等阶段后,夹矸区域会出现煤炮等应力异常显现状况。

(4) 7301 工作面微震事件分布验证了夹矸区域煤矸接触面的滑移剪切作用,同时,煤矸接触面上存在破断滑移现象。另外,7301 工作面开采稳定性验证了所提出的针对性防治措施对工作面夹矸及附近煤体失稳起到了明显的削弱作用。

参 考 文 献

[1] 白世伟,任伟中,丰定祥,等,1999.共面闭合断续节理岩体强度特性直剪试验研究[J].岩土力学,20(2):10-16.

[2] 蔡武,2015.断层型冲击矿压的动静载叠加诱发原理及其监测预警研究[D].徐州:中国矿业大学.

[3] 曹平,唐国栋,范文臣,2019.随机形貌岩石节理剪切破坏分析[J].铁道科学与工程学报,16(2):367-375.

[4] 崔永权,马胜利,刘力强,2005.侧向应力扰动对断层摩擦影响的实验研究[J].地震地质,27(4):645-652.

[5] 代高飞,尹光志,皮文丽,等,2004.用滑块模型对冲击地压的研究（Ⅰ）[J].岩土力学,25(8):1263-1266,1282.

[6] 邓正定,吴建奇,尚佳辉,等,2018.含贯通-非贯通交叉节理岩体等效弹性模型及强度特性[J].煤炭学报,43(11):3098-3106.

[7] 窦林名,何学秋,2001.冲击矿压防治理论与技术[M].徐州:中国矿业大学出版社.

[8] 窦林名,何学秋,王恩元,2004.冲击矿压预测的电磁辐射技术及应用[J].煤炭学报,29(4):396-399.

[9] 窦林名,田京城,陆菜平,等,2005.组合煤岩冲击破坏电磁辐射规律研究[J].岩石力学与工程学报,24(19):3541-3544.

[10] 窦林名,赵从国,杨思光,2006.煤矿开采冲击矿压灾害防治[M].徐州:中国矿业大学出版社.

[11] 方新秋,钱鸣高,曹胜根,等,2002.综放开采不同顶煤端面顶板稳定性及其控制[J].中国矿业大学学报,31(1):69-74.

[12] 傅鹤林,桑玉发,1996.用突变理论预测地下采场冲击地压发生的可能性[J].金属矿山,(1):19-21.

[13] 郭富利,张顶立,苏洁,等,2009.软弱夹层引起围岩系统强度变化的试验研究[J].岩土工程学报,31(5):720-726.

[14] 郭玲莉,刘力强,马瑾,2014.黏滑实验的震级评估和应力降分析[J].地球

物理学报,57(3):867-876.

[15] 郭彦双,马瑾,云龙,2011.拐折断层黏滑过程的实验研究[J].地震地质,33(1):26-35.

[16] 韩智铭,乔春生,涂洪亮,2017.含一组贯通节理岩体强度的各向异性分析[J].中国矿业大学学报,46(5):1073-1083.

[17] 华安增,2003.地下工程周围岩体能量分析[J].岩石力学与工程学报,22(7):1054-1059.

[18] 黄滚,尹光志,2009.冲击地压粘滑失稳的混沌特性[J].重庆大学学报,32(6):633-637,662.

[19] 贾光胜,毛德兵,2000.综放开采顶煤冒放性的数值模拟研究[J].矿山压力与顶板管理,(4):5-7,85.

[20] 姜耀东,赵毅鑫,刘文岗,等,2005.深采煤层巷道平动式冲击失稳三维模型研究[J].岩石力学与工程学报,24(16):2864-2869.

[21] 焦振华,2017.采动条件下断层损伤滑移演化规律及其诱冲机制研究[D].北京:中国矿业大学(北京).

[22] 金爱兵,孙浩,孟新秋,等,2016.非贯通节理岩体等效强度及破坏特性[J].中南大学学报(自然科学版),47(9):3169-3176.

[23] 靳文学,靳钟铭,2000.综放合理工作面长度分析[J].太原理工大学学报,31(5):508-510.

[24] 李浩荡,王栓存,王建,2011.浅埋深高阶段综放开采冲击地压原因分析与防治[J].煤炭科学技术,39(7):25-27,82.

[25] 李宏哲,夏才初,王晓东,等,2008.含节理大理岩变形和强度特性的试验研究[J].岩石力学与工程学报,27(10):2118-2123.

[26] 李利萍,潘一山,王晓纯,等,2014.开采深度和垂直冲击荷载对超低摩擦型冲击地压的影响分析[J].岩石力学与工程学报,33(增1):3225-3230.

[27] 李守国,吕进国,姜耀东,等,2014.逆断层不同倾角对采场冲击地压的诱导分析[J].采矿与安全工程学报,31(6):869-875.

[28] 李树忱,汪雷,李术才,等,2013.不同倾角贯穿节理类岩石试件峰后变形破坏试验研究[J].岩石力学与工程学报,32(增2):3391-3395.

[29] 李彦伟,姜耀东,杨英明,等,2016.煤单轴抗压强度特性的加载速率效应研究[J].采矿与安全工程学报,33(4):754-760.

[30] 李振雷,2016.厚煤层综放开采的降载减冲原理及其工程实践[D].徐州:中国矿业大学.

[31] 李志华,窦林名,陆振裕,等,2010.采动诱发断层滑移失稳的研究[J].采矿

与安全工程学报,27(4):499-504.

[32] 李志华,窦林名,曹安业,等,2011.采动影响下断层滑移诱发煤岩冲击机理 [J].煤炭学报,36(增刊1):68-73.

[33] 李忠华,潘一山,2004.基于突变模型的断层冲击矿压震级预测[J].煤矿开 采,9(3):55-57.

[34] 李忠辉,王恩元,宋晓艳,等,2012.煤样破坏应变局部化与表面电位分布规 律研究[J].煤炭学报,37(12):2043-2047.

[35] 梁冰,章梦涛,1997.矿震发生的粘滑失稳机理及其数值模拟[J].阜新矿业 学院学报(自然科学版),16(5):521-524.

[36] 刘爱华,罗荣武,黎鸿,等,2009.人工非贯通节理试样力学强度特征试验研 究[J].西安科技大学学报,29(6):726-730,751.

[37] 刘广建,2018.裂缝煤岩力学特性与冲击失稳宏细观机制研究[D].徐州:中 国矿业大学.

[38] 刘建新,唐春安,朱万成,等,2004.煤岩串联组合模型及冲击地压机理的研 究[J].岩土工程学报,26(2):276-280.

[39] 刘杰,王恩元,宋大钊,等,2014.岩石强度对于组合试样力学行为及声发射 特性的影响[J].煤炭学报,39(4):685-691.

[40] 刘少虹,2014a.动静加载下组合煤岩破坏失稳的突变模型和混沌机制[J]. 煤炭学报,39(2):292-300.

[41] 刘少虹,毛德兵,齐庆新,等,2014b.动静加载下组合煤岩的应力波传播机 制与能量耗散[J].煤炭学报,39(增刊1):15-22.

[42] 刘少虹,秦子晗,娄金福,2014c.一维动静加载下组合煤岩动态破坏特性的 试验分析[J].岩石力学与工程学报,33(10):2064-2075.

[43] 刘希灵,潘梦成,李夕兵,等,2017.动静加载条件下花岗岩声发射b值特征 的研究[J].岩石力学与工程学报,36(增1):3148-3155.

[44] 陆菜平,窦林名,吴兴荣,2007.组合煤岩冲击倾向性演化及声电效应的试 验研究[J].岩石力学与工程学报,26(12):2549-2555.

[45] 吕进国,南存全,张寅,等,2018.义马煤田临近逆冲断层开采冲击地压发生 机理[J].采矿与安全工程学报,35(3):567-574.

[46] 马瑾,郭彦双,2014.失稳前断层加速协同化的实验室证据和地震实例[J]. 地震地质,36(3):547-561.

[47] 马胜利,刘力强,马瑾,等,2003.均匀和非均匀断层滑动失稳成核过程的实 验研究[J].中国科学(D辑),33(增刊):45-52.

[48] 冒海军,杨春和,2005.结构面对板岩力学特性影响研究[J].岩石力学与工

程学报,24(20):3651-3656.

[49] 南华,李志勇,2007.巨厚煤层冲击地压的防治研究[J].河南理工大学学报(自然科学版),26(4):370-376.

[50] 潘一山,王来贵,章梦涛,等,1998.断层冲击地压发生的理论与试验研究[J].岩石力学与工程学报,17(6):642-649.

[51] 潘一山,李忠华,章梦涛,2003.我国冲击地压分布、类型、机理及防治研究[J].岩石力学与工程学报,22(11):1844-1851.

[52] 潘一山,徐连满,李国臻,等,2014.煤矿深井动力灾害电荷辐射特征及应用[J].岩石力学与工程学报,33(8):1619-1625.

[53] 潘岳,刘英,顾善发,2001a.矿井断层冲击地压的折迭突变模型[J].岩石力学与工程学报,20(1):43-48.

[54] 潘岳,解金玉,顾善发,2001b.非均匀围压下矿井断层冲击地压的突变理论分析[J].岩石力学与工程学报,20(3):310-314.

[55] 齐庆新,刘天泉,史元伟,等,1995.冲击地压的摩擦滑动失稳机理[J].矿山压力与顶板管理(3-4):174-177,200.

[56] 齐庆新,史元伟,刘天泉,1997.冲击地压粘滑失稳机理的实验研究[J].煤炭学报,22(2):34-38.

[57] 齐庆新,高作志,王升,1998.层状煤岩体结构破坏的冲击矿压理论[J].煤矿开采,(2):14-17,64.

[58] 钱鸣高,石平五,2003.矿山压力与岩层控制[M].徐州:中国矿业大学出版社.

[59] 尚铮,魏继红,2013.结构面粗糙度对其剪切过程中变形特征与强度特征的影响[J].北华大学学报(自然科学版),14(6):744-748.

[60] 施行觉,王其允,1989.粘滑位移的直接测量和剪切破裂能的修正[J].地震学报,11(2):153-160.

[61] 石崇,张强,王盛年,2018.颗粒流(PFC5.0)数值模拟技术及应用[M].北京:中国建筑工业出版社.

[62] 宋德熹,时文勇,2005.断层总面积理论在中强地震预测中的应用[J].河南理工大学学报(自然科学版),24(3):200-204.

[63] 宋晓艳,李忠辉,2015.预制裂纹煤系岩石破坏的电磁辐射规律研究[J].煤矿安全,46(10):56-59.

[64] 宋选民,靳钟铭,魏晋平,1995a.顶煤冒放性和夹矸赋存特征的相互关系研究[J].煤炭科学技术,(11):22-24.

[65] 宋选民,康天合,靳钟铭,等,1995b.顶煤冒放性影响因素研究[J].矿山压

力与顶板管理,(3):85-88,198.

[66] 宋义敏,马少鹏,杨小彬,等,2011.断层冲击地压失稳瞬态过程的试验研究[J].岩石力学与工程学报,30(4):812-817.

[67] 苏承东,吴秋红,2011.含天然贯通弱面石灰岩试样的力学性质研究[J].岩石力学与工程学报,30(增2):3944-3952.

[68] 汪杰,李杨,宋卫东,等,2019.不同倾角节理岩体损伤演化特征分析[J].哈尔滨工业大学学报,51(8):143-150.

[69] 王恩元,1997.含瓦斯煤破裂的电磁辐射和声发射效应及其应用研究[D].徐州:中国矿业大学.

[70] 王家臣,杨印朝,孔德中,等,2014.含夹矸厚煤层大采高仰采煤壁破坏机理与注浆加固技术[J].采矿与安全工程学报,31(6):831-837.

[71] 王金安,谢和平,1997.剪切过程中岩石节理粗糙度分形演化及力学特征[J].岩土工程学报,19(4):2-9.

[72] 王来贵,潘一山,梁冰,等,1996.矿井不连续面冲击地压发生过程分析[J].中国矿业,5(3):61-65.

[73] 王乐华,柏俊磊,李建林,等,2014.非贯通节理岩体单轴压缩试验研究[J].水利学报,45(12):1410-1418.

[74] 王培涛,任奋华,谭文辉,等,2017.单轴压缩试验下粗糙离散节理网络模型建立及力学特性[J].岩土力学,38(增1):70-78.

[75] 王涛,2012.断层活化诱发煤岩冲击失稳的机理研究[D].北京:中国矿业大学(北京).

[76] 王涛,王墨华,姜耀东,等,2014.开采扰动下断层滑移过程围岩应力分布及演化规律的实验研究[J].中国矿业大学学报,43(4):588-592,683.

[77] 王晓,袁野,孟凡宝,等,2016.加载速度对煤岩损伤演化声发射特征的影响分析[J].煤矿安全,47(3):179-181,186.

[78] 王学滨,潘一山,马瑾,2002a.剪切带-弹性岩体系统的稳定及失稳滑动理论研究[J].岩土工程学报,24(3):360-362.

[79] 王学滨,潘一山,2002b.剪切带倾角尺度律与局部化启动跳跃稳定研究[J].岩土力学,23(4):446-449.

[80] 王学滨,潘一山,马瑾,2002c.基于应变梯度理论的韧性剪切带理论研究[J].地质力学学报,8(1):79-86.

[81] 王学滨,潘一山,马瑾,2003a.剪切带内部应变(率)分析及基于能量准则的失稳判据[J].工程力学,20(2):111-115.

[82] 王学滨,潘一山,任伟杰,2003b.基于应变梯度理论的岩石试件剪切破坏失

稳判据[J].岩石力学与工程学报,22(5):747-750.

[83] 王学滨,赵杨峰,张智慧,等,2003c.考虑应变率及应变梯度效应的断层岩爆分析[J].岩石力学与工程学报,22(11):1859-1862.

[84] 王学滨,潘一山,海龙,2004.基于剪切应变梯度塑性理论的断层岩爆失稳判据[J].岩石力学与工程学报,23(4):588-591.

[85] 王学滨,2006.节理倾角对单节理岩样变形破坏影响的数值模拟[J].四川大学学报(工程科学版),38(2):24-29.

[86] 王学滨,2008.加载速度对岩样全部变形特征的影响[J].岩土力学,29(2):353-358.

[87] 魏忠平,薛再君,2012.华亭煤矿250102工作面冲击地压灾害浅析及防治探讨[J].煤矿开采,17(5):81-83,87.

[88] 吴基文,1998.层滑构造及其对煤层的影响[J].太原理工大学学报,29(6):645-647,650.

[89] 吴立新,1997.煤岩强度机制及矿压红外探测基础实验研究[D].徐州:中国矿业大学.

[90] 伍国军,陈卫忠,杨建平,等,2011.基于软弱夹层损伤破坏模型的软岩巷道支护优化研究[J].岩石力学与工程学报,30(增2):4129-4135.

[91] 伍永平,2003.大倾角走向长壁开采"R-S-F"动态稳定性实验[J].西安科技学院学报,23(2):123-127.

[92] 伍永平,2004.大倾角煤层开采"顶板-支护-底板"系统稳定性及动力学模型[J].煤炭学报,29(5):527-531.

[93] 伍永平,2005.大倾角煤层开采"顶板-支护-底板"系统的动力学方程[J].煤炭学报,30(6):685-689.

[94] 席国军,王兵建,韩国安,2015.胡家河煤矿影响冲击地压的地质因素分析[J].陕西煤炭,34(4):43-45,75.

[95] 夏才初,孙宗顾,潘长良,1994.含波纹度节理的形貌和剪切性质研究[C]//中国岩石力学与工程学会.中国岩石力学与工程学会第三次大会论文集.

[96] 肖红飞,何学秋,王恩元,等,2003.煤岩破裂电磁辐射预测临界值的选取及应用[J].煤矿安全,34(5):8-11.

[97] 肖晓春,金晨,赵鑫,等,2017.组合煤岩冲击倾向电荷判据试验研究[J].岩土力学,38(6):1620-1628.

[98] 肖晓春,樊玉峰,吴迪,等,2019.组合煤岩破坏过程能量耗散特征及冲击危险评价[J].岩土力学,40(11):4203-4212,4219.

[99] 解北京,严正,2019.基于层叠模型组合煤岩体动态力学本构模型[J].煤炭

学报,44(2):463-472.

[100] 谢和平,陈忠辉,周宏伟,等,2005.基于工程体与地质体相互作用的两体力学模型初探[J].岩石力学与工程学报,24(9):1457-1464.

[101] 谢和平,周宏伟,刘建峰,等,2011.不同开采条件下采动力学行为研究[J].煤炭学报,36(7):1067-1074.

[102] 徐子杰,齐庆新,李宏艳,等,2013.冲击倾向性煤体加载破坏的红外辐射特征研究[J].中国安全科学学报,23(10):121-125.

[103] 闫永敢,冯国瑞,翟英达,等,2010.煤体粘滑冲击的发生条件及动力学分析[J].煤炭学报,35(增刊1):19-21.

[104] 杨纯东,巩思园,马小平,等,2014.基于微震法的煤矿冲击危险性监测研究[J].采矿与安全工程学报,31(6):863-868.

[105] 姚路,马胜利,2013.断层同震滑动的实验模拟:岩石高速摩擦实验的意义、方法与研究进展[J].地球物理学进展,28(2):607-623.

[106] 尹光志,鲜学福,代高飞,等,2001.大倾角煤层开采岩移基本规律的研究[J].岩土工程学报,23(4):450-453.

[107] 尹光志,代高飞,皮文丽,等,2005.冲击地压的滑块模型研究[J].岩土力学,26(3):359-364.

[108] 张传玖,蓝航,杜涛涛,2011.一次浅埋采场冲击地压发生的原因及防治研究[J].煤炭科技,(4):5-7.

[109] 张顶立,王悦汉,2000a.含夹矸顶煤破碎特点分析[J].中国矿业大学学报,29(2):160-163.

[110] 张顶立,王悦汉,曲天智,2000b.夹层对层状岩体稳定性的影响分析[J].岩石力学与工程学报,19(2):140-144.

[111] 张宁博,欧阳振华,赵善坤,等,2016.基于粘滑理论的断层冲击地压发生机理研究[J].地下空间与工程学报,12(增刊2):894-898.

[112] 张卫东,于立松,刘晓兰,等,2017.考虑三向应力的弱面岩石强度分析[J].岩石力学与工程学报,36(增2):3816-3821.

[113] 张泽天,刘建锋,王璐,等,2012.组合方式对煤岩组合体力学特性和破坏特征影响的试验研究[J].煤炭学报,37(10):1677-1681.

[114] 章梦涛,1993.矿震的粘滑失稳理论[D].阜新:阜新矿业学院.

[115] 赵景礼,刘乐如,曹英杰,等,2014.错层位巷道布置夹矸对顶煤冒放性研究[J].辽宁工程技术大学学报(自然科学版),33(12):1585-1589.

[116] 赵善坤,张寅,韩荣军,等,2013.组合煤岩结构体冲击倾向演化数值模拟[J].辽宁工程技术大学学报(自然科学版),32(11):1441-1446.

［117］赵同彬,程康康,魏平,等,2017.含弱面岩石滑移破坏及锚固控制试验研究［J］.采矿与安全工程学报,34(6):1081-1087.

［118］赵毅鑫,姜耀东,祝捷,等,2008.煤岩组合体变形破坏前兆信息的试验研究［J］.岩石力学与工程学报,27(2):339-346.

［119］赵元放,张向阳,涂敏,2007.大倾角煤层开采顶板垮落特征及矿压显现规律［J］.采矿与安全工程学报,24(2):231-234.

［120］郑超,杨天鸿,于庆磊,等,2012.基于微震监测的矿山开挖扰动岩体稳定性评价［J］.煤炭学报,37(增刊2):280-286.

［121］朱华挺,戚承志,姜锡权,等,2018.岩石动态断裂性能的 II 型能量型尺寸效应与应变率效应研究［J］.北京建筑大学学报,34(1):25-30.

［122］朱涛,张百胜,冯国瑞,等,2010.极近距离煤层下层煤采场顶板结构与控制［J］.煤炭学报,35(2):190-193.

［123］左建平,谢和平,吴爱民,等,2011.深部煤岩单体及组合体的破坏机制与力学特性研究［J］.岩石力学与工程学报,30(1):84-92.

［124］ABDELFATTAH A K, MOGREN S, MUKHOPADHYAY M, 2017. Mapping b-value for 2009 Harrat Lunayyir earthquake swarm, western Saudi Arabia and Coulomb stress for its mainshock［J］. Journal of volcanology and geothermal research, 330:14-23.

［125］AKI K, 1965. Maximum likelihood estimate of b in the formula $\log N = a - bM$ and its confidence limits［J］. Bulletin of the Earthquake Research Institute, University of Tokyo, 43(2):237-239.

［126］BARTON N, CHOUBEY V, 1977. The shear strength of rock joints in theory and practice［J］. Rock mechanics, 10(1/2):1-54.

［127］BELEM T, HOMAND-ETIENNE F, SOULEY M, 2000. Quantitative parameters for rock joint surface roughness［J］. Rock mechanics and rock engineering, 33(4):217-242.

［128］BIENIAWSKI Z T, 1970. Time-dependent behaviour of fractured rock［J］. Rock mechanics, 2(3):123-137.

［129］BOTT M H P, 1959. The mechanics of oblique slip faulting［J］. Geological magazine, 96(2):109-117.

［130］BRACE W F, BYERLEE J D, 1966. Stick-slip as a mechanism for earthquakes［J］. Science, 153:990-992.

［131］BRACE W F, 1972. Laboratory studies of stick-slip and their application to earthquakes［J］. Tectonophysics, 14(3/4):189-200.

[132] BRADY B T,LEIGHTON F W,1977. Seismicity anomaly prior to a moderate rock burst:a case study[J]. International journal of rock mechanics and mining sciences & geomechanics abstracts,14(3):127-132.

[133] CAMONES L A M,Jr VARGAS E D A,DE FIGUEIREDO R P,et al, 2013. Application of the discrete element method for modeling of rock crack propagation and coalescence in the step-path failure mechanism[J]. Engineering geology,153:80-94.

[134] CANDELA T,BRODSKY E E,MARONE C,et al,2014. Laboratory evidence for particle mobilization as a mechanism for permeability enhancement via dynamic stressing[J]. Earth and planetary science letters,392:279-291.

[135] CHEN Z H,TANG C A,HUANG R Q,1997. A double rock sample model for rockbursts[J]. International journal of rock mechanics and mining sciences,34(6):991-1000.

[136] CHENG W W,WANG W Y,HUANG S Q,et al,2013. Acoustic emission monitoring of rockbursts during TBM-excavated headrace tunneling at Jinping II hydropower station [J]. Journal of rock mechanics and geotechnical engineering,5(6):486-494.

[137] DEN HARTOG S A M,PEACH C J,DE WINTER D A M,et al,2012. Frictional properties of megathrust fault gouges at low sliding velocities:new data on effects of normal stress and temperature[J]. Journal of structural geology,38:156-171.

[138] FAIRHURST C E,HUDSON J A,1999. Draft ISRM suggested method for the complete stress-strain curve for intact rock in uniaxial compression[J]. International journal of rock mechanics and mining science & geomechanics abstracts,36(3):281-289.

[139] FENG G L,FENG X T,CHEN B R,et al,2015a. A microseismic method for dynamic warning of rockburst development processes in tunnels[J]. Rock mechanics and rock engineering,48(5):2061-2076.

[140] FENG G L,FENG X T,CHEN B R,et al,2015b. Sectional velocity model for microseismic source location in tunnels[J]. Tunnelling and underground space technology,45:73-83.

[141] FENG X T,CHEN B R,LI S J,et al,2012. Studies on the evolution process of rockbursts in deep tunnels[J]. Journal of rock mechanics and geotechnical engineering,4(4):289-295.

[142] FRID V I, SHABAROV A N, PROSKURYAKOV V M, et al, 1992. Formation of electromagnetic radiation in coal stratum[J]. Journal of mining science, 28(2):139-145.

[143] FUJINAWA Y, KUMAGAI T, TAKAHASHI K, 1992. A study of anomalous underground electric field variations associated with a volcanic eruption[J]. Geophysical research letters, 19(1):9-12.

[144] GERSHENZON N I, GOKHBERG M B, KARAKIN A V, et al, 1989. Modelling the connection between earthquake preparation processes and crustal electromagnetic emission[J]. Physics of the earth and planetary interiors, 57(1/2):129-138.

[145] GRINZATO E, MARINETTI S, BISON P G, et al, 2004. Comparison of ultrasonic velocity and IR thermography for the characterisation of stones[J]. Infrared physics & technology, 46(1/2):63-68.

[146] GUTENBERG B, RICHTER C F, 1944. Frequency of earthquakes in California[J]. Bulletin of the Seismological Society of America, 34(4): 185-188.

[147] HAMPTON J, GUTIERREZ M, MATZAR L, et al, 2018. Acoustic emission characterization of microcracking in laboratory-scale hydraulic fracturing tests [J]. Journal of rock mechanics and geotechnical engineering, 10(5):805-817.

[148] HAZZARD J F, YOUNG R P, 2000. Simulating acoustic emissions in bonded-particle models of rock [J]. International journal of rock mechanics and mining sciences, 37(5):867-872.

[149] HE M C, MIAO J L, FENG J L, 2010. Rock burst process of limestone and its acoustic emission characteristics under true-triaxial unloading conditions [J]. International journal of rock mechanics and mining sciences, 47(2):286-298.

[150] HE X Q, CHEN W X, NIE B S, et al, 2011. Electromagnetic emission theory and its application to dynamic phenomena in coal-rock [J]. International journal of rock mechanics and mining sciences, 48(8):1352-1358.

[151] HE X Q, NIE B S, CHEN W X, et al, 2012. Research progress on electromagnetic radiation in gas-containing coal and rock fracture and its applications[J]. Safety science, 50(4):728-735.

[152] HIRATA A, KAMEOKA Y, HIRANO T, 2007. Safety management based on detection of possible rock bursts by AE monitoring during

tunnel excavation[J]. Rock mechanics and rock engineering, 40(6): 563-576.

[153] HOMAND F,BELEM T,SOULEY M,2001. Friction and degradation of rock joint surfaces under shear loads[J]. International journal for numerical and analytical methods in geomechanics,25(10):973-999.

[154] HUANG B X,LIU J W,2013. The effect of loading rate on the behavior of samples composed of coal and rock[J]. International journal of rock mechanics and mining sciences,61:23-30.

[155] HUBBERT M K,RUBEY W W,1959. Role of fluid pressure in mechanics of overthrust faulting:I. mechanics of fluid-filled porous solids and its application to overthrust faulting[J]. Geological Society of America Bulletin, 70(2): 115-166.

[156] JAEGER J C, 1960. Shear failure of anistropic rocks[J]. Geological magazine,97(1):65-72.

[157] JAEGER J C,COOK N G W,ZIMMERMAN R,2007. Fundamentals of rock mechanics[M]. 4th Edition. New Jersey:Wiley-Blackwell.

[158] KAPROTH B M, MARONE C, 2013. Slow earthquakes, preseismic velocity changes,and the origin of slow frictional stick-slip[J]. Science, 341(6151):1229-1232.

[159] KEMENY J M,COOK N G W,1991. Micromechanics of deformation in rocks [C]//Toughening Mechanisms in Quasi-Brittle Materials. Dordrecht:Springer Netherlands,155-188.

[160] LAJTAI E Z, 1969a. Shear strength of weakness planes in rock[J]. International journal of rock mechanics and mining sciences & geomechanics abstracts,6(5):499-515.

[161] LAJTAI E Z,1969b. Strength of discontinuous rocks in direct shear[J]. Géotechnique,19(2):218-233.

[162] LI J,YUE J H,YANG Y,et al,2017. Multi-resolution feature fusion model for coal rock burst hazard recognition based on acoustic emission data[J]. Measurement,100:329-336.

[163] LI X B,ZHOU Z L,ZHAO F J,et al,2009. Mechanical properties of rock under coupled static-dynamic loads[J]. Journal of rock mechanics and geotechnical engineering,1(1):41-47.

[164] LI X F,TANG G J,TANG B Q,2013. Stress field around a strike-slip

fault in orthotropic elastic layers via a hypersingular integral equation [J]. Computers & mathematics with applications,66(11):2317-2326.

[165] LINKOV A M,1996. Rockbursts and the instability of rock masses[J]. International journal of rock mechanics and mining sciences & geomechanics abstracts,33(7):727-732.

[166] LIPPMANN H,1987. Mechanics of "bumps" in coal mines:a discussion of violent deformations in the sides of roadways in coal seams [J]. Applied mechanics reviews,40(8):1033-1043.

[167] LIU J,WANG E Y,SONG D Z,et al,2015. Effect of rock strength on failure mode and mechanical behavior of composite samples[J]. Arabian journal of geosciences,8(7):4527-4539.

[168] LU C P,DOU L M,LIU B,et al,2012a. Microseismic low-frequency precursor effect of bursting failure of coal and rock[J]. Journal of applied geophysics, 79:55-63.

[169] LU C P,DOU L M,LIU H,et al,2012b. Case study on microseismic effect of coal and gas outburst process[J]. International journal of rock mechanics and mining sciences,53:101-110.

[170] LU C P,DOU L M,ZHANG N,et al,2013. Microseismic frequency-spectrum evolutionary rule of rockburst triggered by roof fall [J]. International journal of rock mechanics and mining sciences,64:6-16.

[171] LU C P, LIU G J, LIU Y, et al, 2015. Microseismic multi-parameter characteristics of rockburst hazard induced by hard roof fall and high stress concentration[J]. International journal of rock mechanics and mining sciences, 76:18-32.

[172] LU C P,LIU Y,ZHAO T B,et al,2016. Experimental research on shear-slip characteristics of simulated fault with zigzag-type gouge [J]. Tribology international,99:187-197.

[173] LU C P, LIU Y, ZHANG N, et al, 2018. In-situ and experimental investigations of rockburst precursor and prevention induced by fault slip[J]. International journal of rock mechanics and mining sciences,108:86-95.

[174] LU C P,LIU G J,LIU Y,et al,2019. Mechanisms of rockburst triggered by slip and fracture of coal-parting-coal structure discontinuities[J]. Rock mechanics and rock engineering,52(9):3279-3292.

[175] MENG F Z,ZHOU H,WANG Z Q,et al,2016. Experimental study on

the prediction of rockburst hazards induced by dynamic structural plane shearing in deeply buried hard rock tunnels[J]. International journal of rock mechanics and mining sciences,86:210-223.

[176] NGUYEN N H T,BUI H H,NGUYEN G D,et al,2017. A cohesive damage-plasticity model for DEM and its application for numerical investigation of soft rock fracture properties[J]. International journal of plasticity,98:175-196.

[177] NIE B S,HE X Q,ZHU C W,2009. Study on mechanical property and electromagnetic emission during the fracture process of combined coal-rock[J]. Procedia earth and planetary science,1(1):281-287.

[178] NIEMEIJER A,ELSWORTH D,MARONE C,2009. Significant effect of grain size distribution on compaction rates in granular aggregates[J]. Earth and planetary science letters,284(3/4):386-391.

[179] PETUKHOV I M, LINKOV A M, 1979. The theory of post-failure deformations and the problem of stability in rock mechanics[J]. International journal of rock mechanics and mining sciences & geomechanics abstracts, 16(2):57-76.

[180] RUINA A,1983. Slip instability and state variable friction laws[J]. Journal of geophysical research:solid earth,88(B12):10359-10370.

[181] SAINOKI A,MITRI H S,2014a. Dynamic behaviour of mining-induced fault slip [J]. International journal of rock mechanics and mining sciences,66:19-29.

[182] SAINOKI A, MITRI H S, 2014b. Dynamic modelling of fault-slip with Barton's shear strength model[J]. International journal of rock mechanics and mining sciences,67:155-163.

[183] SAINOKI A,MITRI H S,2014c. Simulating intense shock pulses due to asperities during fault-slip[J]. Journal of applied geophysics,103:71-81.

[184] SAINOKI A, MITRI H S, 2015. Effect of slip-weakening distance on selected seismic source parameters of mining-induced fault-slip [J]. International journal of rock mechanics and mining sciences,73:115-122.

[185] SAMMONDS P R,MEREDITH P G,MAIN I G,1992. Role of pore fluids in the generation of seismic precursors to shear fracture [J]. Nature,359:228-230.

[186] SAVILAHTI T, NORDLUND E, STEPHANSSON O, 1990. Shear box

testing and modelling of joint bridge [C]//Proceedings of International Symposium on Shear Box Testing and Modeling of Joint Bridge Rock Joints.

[187] SCHOLZ C, MOLNAR P, JOHNSON T, 1972. Detailed studies of frictional sliding of granite and implications for the earthquake mechanism[J]. Journal of geophysical research,77(32):6392-6406.

[188] SEIDEL J P, HABERFIELD C M, 2002. A theoretical model for rock joints subjected to constant normal stiffness direct shear[J]. International journal of rock mechanics and mining sciences,39(5):539-553.

[189] SMITH R, SAMMONDS P R, KILBURN C R J, 2009. Fracturing of volcanic systems:experimental insights into pre-eruptive conditions[J]. Earth and planetary science letters,280(1/4):211-219.

[190] SUMMERS R, BYERLEE J, 1977. A note on the effect of fault gouge composition on the stability of frictional sliding[J]. International journal of rock mechanics and mining sciences & geomechanics abstracts, 14 (3): 155-160.

[191] SUN X M, XU H C, HE M C, et al, 2017. Experimental investigation of the occurrence of rockburst in a rock specimen through infrared thermography and acoustic emission[J]. International journal of rock mechanics and mining sciences,93:250-259.

[192] TANG C A, WANG J M, ZHANG J J, et al, 2010. Preliminary engineering application of microseismic monitoring technique to rockburst prediction in tunneling of Jinping Ⅱ project[J]. Journal of rock mechanics and geotechnical engineering,2(3):193-208.

[193] WALLACE R E, 1951. Geometry of shearing stress and relation to faulting[J]. The journal of geology,59(2):118-130.

[194] WANG H L, GE M C, 2008. Acoustic emission/microseismic source location analysis for a limestone mine exhibiting high horizontal stresses [J]. International journal of rock mechanics and mining sciences,45(5): 720-728.

[195] WANG J A, PARK H D, 2001. Comprehensive prediction of rockburst based on analysis of strain energy in rocks[J]. Tunnelling and underground space technology,16(1):49-57.

[196] WANG J C, JIANG F X, MENG X J, et al, 2016. Mechanism of rock burst occurrence in specially thick coal seam with rock parting[J]. Rock

mechanics and rock engineering,49(5):1953-1965.

[197] WANG T,JIANG Y D,ZHAN S J,et al,2014. Frictional sliding tests on combined coal-rock samples[J]. Journal of rock mechanics and geotechnical engineering,6(3):280-286.

[198] WHITE B G, WHYATT J K,1999. Role of fault slip on mechanisms of rock burst damage, Lucky Friday Mine,Idaho,USA[C]//Proceeding of the 2nd Southern African Rock Engineering Symposium.

[199] XING Y,KULATILAKE P H S W,SANDBAK L A,2018. Effect of rock mass and discontinuity mechanical properties and delayed rock supporting on tunnel stability in an underground mine[J]. Engineering geology,238:62-75.

[200] YAMADA I,MASUDA K,MIZUTANI H,1989. Electromagnetic and acoustic emission associated with rock fracture[J]. Physics of the earth and planetary interiors,57(1/2):157-168.

[201] YANG Z Y,CHEN J M,HUANG T H,1998. Effect of joint sets on the strength and deformation of rock mass models[J]. International journal of rock mechanics and mining sciences,35(1):75-84.

[202] ZHAO Z H,WANG W M,WANG L H,et al,2015. Compression-shear strength criterion of coal-rock combination model considering interface effect[J]. Tunnelling and underground space technology,47:193-199.

[203] ZHU W C,BAI Y,LI X B,et al,2012. Numerical simulation on rock failure under combined static and dynamic loading during SHPB tests [J]. International journal of impact engineering,49:142-157.

[204] ZUO J P,WANG Z F,ZHOU H W,et al,2013. Failure behavior of a rock-coal-rock combined body with a weak coal interlayer[J]. International journal of mining science and technology,23(6):907-912.